"北京林业大学'双一流'建设项目——一流学科高精尖系列专著培育计划"资助

芍药学

芍药的历史、文化与品鉴

于晓南 主编

中国林業出版社

图书在版编目（C I P）数据

芍药美学：芍药的历史、文化与品鉴 / 于晓南主编．
-- 北京：中国林业出版社，2024．5
ISBN 978-7-5219-2556-2

Ⅰ．①芍… Ⅱ．①于… Ⅲ．①芍药—观赏园艺 Ⅳ．
① S682.1

中国国家版本馆 CIP 数据核字 (2023) 第 255570 号

策划、责任编辑：樊　菲　马吉萍
封面设计：曹　来

出版发行：中国林业出版社
（100009，北京市西城区刘海胡同 7 号，电话 83143610）
电子邮箱：cfphzbs@163.com
网址：https://www.cfph.net
印刷：北京博海升彩色印刷有限公司
版次：2024 年 5 月第 1 版
印次：2024 年 5 月第 1 次
开本：787mm × 1092mm　1/16
印张：16.5
字数：240 千字
定价：98.00 元

编委会

主　编

于晓南

编　委

朱绍才　王宇暄　陈　乐　朱　炜　张　葳　赵家庚

崔雅琦　王梦迪　李佳敏　王　立　曹津津　杨　勇

吕晓龙　赵　燕　董刚强　刘晓菲　范永明　郝丽红

致　谢

安利（中国）植物研发中心有限公司

北京彼由尼芍药农场

前 言

我国是花卉的王国，自古人民就有着赏花、爱花的传统，特别是在借花抒情、托花言志方面拥有独特的审美智慧。比如，以梅花表达不畏风雪的品格，以荷花传递远离世俗的理想，以菊花透露隐世清高的才华。而在众多国产花卉中，有着明确爱情指向的花卉，就是芍药。

芍药花朵饱满圆润，花型丰富，花色多样，茎秆颀长，适应性极强，是一种集“美貌与茁壮”于一身的花卉。早在《诗经》中，芍药就被贴上了“爱情”这个标签。千百年来，文人墨客乐此不疲地歌咏着的，正是她所承载的相思、怀念的意象。“赠芍药，爱余生”是我们中国人民独有的长情爱情观。

在长期的栽培应用中，芍药之美深深融入中国人的生活里，无论是种花、养花、插花艺术，还是赏花、赐花、簪花、餐花、赠花、写花、咏花、绘花等方面，都依稀可见她的身影。本书通过考证古籍、古画，溯源我国独特的芍药审美，探究芍药美学的演变轨迹。

纵观本书的脉络，可以概括为以下几点：

从名字入手，探寻其“从药到花”的历史渊源；

从名著入手，赏析古典文学里的芍药花语；

从诗人入手，解读大师对芍药的深情厚意；

从信仰入手，探索宗教文化与芍药的不解之缘；

从国际入手，剖析西方芍药的前世今生；

从品种入手，细赏芍药的多姿多彩。

基于此，本书首次提出“芍药七美”的美学观，即：上古之美，爱情之美，女性之美，品格之美，富贵之美，芳香之美，药食之美。

期待通过此书，让芍药的盛世美颜，成为您生活的解药。

于晓南

写于“五月花神”的花园

目　录

第一章
芍药名字里的秘密

第一节
诗经中的芍药，为什么写作“勺药”？

一说到芍药最早的出处，人们都会引用《诗经》中《溱洧》这首诗：

溱与洧，方涣涣兮。士与女，方秉蕑兮。女曰观乎？士曰既且，且往观乎！洧之外，洵訏且乐。维士与女，伊其相谑，赠之以勺药。

溱与洧，浏其清矣。士与女，殷其盈矣。女曰观乎？士曰既且，且往观乎！洧之外，洵訏且乐。维士与女，伊其将谑，赠之以勺药。

该诗由两段构成，每段最后一个词都是没有草字头的“勺药”，说明芍药最开始写作“勺药”。

“勺”字本意为勺子，古代的“勺”和我们现代的用法有所不同。古代“勺”是用来从罐子里舀酒的工具，圆口弧底长柄，一般尺寸较大，如现在我们炒菜的铁锅还被叫作“炒勺”。古代人们喝汤用的工具，称为“匙”，是缩小版的勺，如我们现在叫的“汤匙”。

芍药与勺子

我们来看看，芍药硕大的花头、颀长的茎秆，组合起来像不像一把大勺子？

同时，“勺”也是中国市制容量单位，一勺为一升的百分之一。“勺药”可以解读为“一勺之药”，指用量不多，但可较好发挥药效的药。

还有一种解读，“勺”的古音也读zhuó，有“斟酌、酌情”之意，“勺药”即为斟酌调和之药。

第二节 芍药，真是一种“药”吗？

曾经有人问：“芍药花这么好看，名字怎么叫作‘药’呢？”的确，我国大多数植物都能入药，但真正名字里带“药”字的植物并不多。古代有副非常有趣的中药对联，归纳了名字中带“药”字的中草药，其中就有我们的主角——芍药：

甘草紫草灯草通草皆医疾；
山药乌药芍药没药不治病。

亲爱的读者，不知你是怎么读这副对联的，就是在哪里断句的呢？正确的断句，是这样的：

甘草、紫草、灯草、通草皆医疾；
山药、乌药、芍药、没药不治病。

这里的“通草[①]”“没（mò）药[②]”是双关语，既是药名，又有“通通”“没有”的含义。

除了我们熟悉的药食两用佳品“山药”之外，“乌药”“没药”都是药力强大、药效多样的中药材。由此可以推断，古人在命名“芍药”时，一定更看重它的“药用价值”。那么，它到底具有什么样的神奇疗

① 通草是一味中药材，为五加科植物通脱木的干燥茎髓。
② 没药是一味活血化瘀的中药材，为橄榄科植物地丁树或哈地丁树的干燥树脂。

效，竟然让古人直接用“药”字命名呢？让我们从史书里找一找蛛丝马迹。

西汉时期的辞赋家枚乘，曾创作过一篇著名的《七发》，里面有一句“熊蹯（fán）之臑（ér），勺药之酱”（注意：这里的“勺”没有草字头，和《诗经》的记载一致），这句话的意思是将熊掌煮得烂熟，再用一种名为“勺药酱”的食材来调味，就能做成一道无与伦比的美味。

可能你会好奇，枚乘的《七发》都讲了什么？这篇两千余字的文章，讲述了这样一个故事：一楚国太子重病垂危，服用任何药物都不见效。这时来了一位吴国的客人，说他有办法治好太子的病。令人惊奇的是，这位吴国客人，居然不用任何药物，只是给太子讲述了七件自己的神奇见闻，一步步启发劝导太子，最终令太子“垂死病中惊坐起”，精神振奋，病竟然奇迹般痊愈了。所以《七发》即“七个启发”，包括“音乐之至悲、饮食之至美、车驾之至骏、游观之至乐、田猎之至壮、江涛之至观、要言之至道”。这种治病方法，应该算是我国古代最早的心理治疗吧。文中提到的“勺药之酱”，即出现在“饮食之至美”这部分的启发中。

同样是西汉时期的辞赋家司马相如，在他创作的千古名篇《子虚赋》

西汉辞赋家司马相如

里，也提到“勺药”。原文写道：“于是楚王乃登云阳之台，怕乎无为，澹乎自持，勺药之和，具而后御之。”此句描述的是楚王夜猎结束，登上云阳之台，显示出泰然自若、安然无事的神态。侍从将食物用芍药调和后，献给楚王品尝。这里既体现了楚王对生活品质的讲究，更道出了芍药的一大功效，即“调和各种食材”。

颜师古对《汉书·司马相如传》中对芍药进行了解释：“勺药，药草名，其根主和五脏，又辟毒气，故合之以兰桂五味以助诸食，因呼五味之和为勺药耳。”就是说芍药能调和五脏，和兰草、桂花混在一起，可帮助人更好地消化食材，疏通五脏，避免产生消化不良等问题。

西晋文学家张景阳在《七命》中写道：“味重九沸，和兼勺药。”“九沸”的提法，出自我国商朝名相伊尹，他极擅长烹饪，被称为“烹饪之圣”。他提出食物“九沸九变”，即食物在鼎中烹调时，经过不同温度、多次煮沸，在味的生成、组合方面会发生多次变化。为了避免这些变化影响人的消化吸收，就需要用芍药来调和。

唐朝文学家韩愈的《晚秋郾城夜会联句》中有一副对联：“两厢铺氍毹（qú shū），五鼎调勺药。”意思是，两间厢房的地面铺着精美的地毯，五口大鼎烹煮的食物用芍药来调和，描绘出一场奢华的宴会情景。这副对联，再次验证了芍药具有中和不同食材属性的功效。

西周大盂鼎

唐朝之后，大量文学作品里，提到芍药的调和功效时，很多都给“勺”字加了草字头，即写作“芍药”。如：王维有诗“芍药和金鼎，茱萸插玳筵”描写了皇帝在重阳节宴请群臣时所用到的器具和食材。柳宗元的《放鹧鸪词》中也写道：“鼎前芍药调五味，膳夫攘腕左右视。”其中关于芍药用法的记载，与上句诗如出一辙。

宋末元初文学家周密的史料笔记《癸辛杂识》中，引用三国时期的儒林名士韦昭的一段话，揭示了“芍药”一名中“药”字的由来。“今人食马肝者，合勺药而煮之，马肝至毒，或误食之至死。则制食之毒者，宜莫良于芍药，故独得药之名耳。”天下最毒的食物莫过于马的肝脏，要吃马肝，就一定要用芍药一同烹煮，才能解毒。所以，芍药是能解百毒的神药，由此得“药”名。

南宋训诂学家罗愿在《尔雅翼》中也写道：“制食之毒，莫良于勺，故得‘药’名。”

以上史料表明，芍药是重要的调和之药，使用历史悠久。其入药部分主要在根部，有和五脏、调血脉、理中气、避毒气的作用。

第三节
芍药，为什么叫“江离”“将离”“可离”？

很多文献资料里都提到，芍药又名“江离”“将离”“可离”。

晋朝崔豹《古今注·问答释义》中记载：“牛亨问曰：‘将离别，相赠以芍药者何？’答曰：‘芍药一名可离，故将别以赠之。’”汉朝韩婴博士讲授《诗经》，被后人整理为《韩诗》，其中对芍药的介绍为：“芍药，离草也。言将别离，赠此草也。”这样的说法，追根溯源，来自我国最早的诗歌总集《诗经》。

《诗经》中《溱洧》一诗写道：“维士与女，伊其相谑，赠之以勺药。”此句描写的是男女结伴而行，相互调笑，临别之际，男子以芍药花相赠。

《诗经》中赠别芍药的情景

屈原的《离骚》里，描写了很多花花草草，其中有一句“扈江离与辟芷兮，纫秋兰以为佩”，这里的“江离”大概率也是指芍药，即在江边分别时相赠的信物。“江离”后来逐渐演变为“将离”。宋朝大儒朱熹写的《诗经集传》里对这段的注解为：“且以芍药为赠，其结恩情之厚也。”临别相赠芍药，意味着不忍分别，期待永结同心。

南宋罗愿在《尔雅翼》卷三《释草》中写道：“芍药，华之盛者。当春暮祓除之时，故郑之士女取以相赠。董仲舒以为将离赠芍药者，芍药一名可离，犹相招赠以文无，文无一名当归。”意思是说，芍药花开时，无比灿烂。古代暮春时节，人们喜欢去水边斋戒沐浴，以除不祥。郑国的男女在水边彼此结识，临别时互赠芍药，因此芍药得名“可离”。其含义如同给远方的人赠送“当归（即文无）”，对方瞬间即可明白你的心意。后来，明朝的李时珍也曾写下“相赠以芍药，相招以文无”的句子，即用芍药寄托惜别之意，用当归表达相思之情。

芍药如此浪漫与深情，是古人用心雕刻出的情感之花，不论是依依不舍的离愁还是念念不忘的心意，都浓缩在那一抹淡淡的馨香里。正如同，断桥之约，茱萸之缺，因为离别，才倍感珍惜。

第四节　芍药，为什么叫“殿春花”？

“殿”字，除了“宫殿”之意，还有个含义，是指行军走在最后，如有个词叫“殿后”。《广韵·散韵》载：“军在前曰启，后曰殿。”在芍药花的众多别称中，有一个名字叫作“殿春花”，特指它的花开在晚春，殿众花之后。苏州的网师园里，以此意境造景，设计了一处名为“殿春簃”的院落。殿春，是暮春、春末的意思；簃（yí），本意是楼阁旁边的小屋（竹字头的汉字，很多和建筑有关）。这里曾是园主人的书斋。

在网师园的殿春簃院中，种着大量芍药，暮春之时，芍药绽放，娇艳可爱，令人流连。园主人给这里起名的灵感，应该来自宋朝诗人邵雍的一首芍药诗：

> 一声啼鴂画楼东，魏紫姚黄扫地空。
> 多谢化工怜寂寞，尚留芍药殿春风。

这首诗中，“魏紫姚黄”指的是两个著名的牡丹品种，此时它们已经败落，唯独芍药尚存，仍与春风共舞。这要感谢造物主的怜爱与恩赐。

苏州网师园的殿春簃

园主人将书斋取名“殿春簃”，其实是对自己的一种勉励，寓意自己要像芍药花一样，不怕晚开，耐心等待盛开的时机。

没有人能拥有一帆风顺的人生。当遇到阻碍、坎坷时，古人经常会以芍药“殿春开”的意象来鼓励自己，抒发对迟来的美好事物的期待与珍视。比如：宋人刘埙在《惜馀春慢》中，写下诗句“也无饶，红药殿春，更作薄寒清峭”；曹勋在《晚春书事》里写下“惟有小栏藏秀色，数枝芍药殿春迟”；刘奉世在《杨白花》写下“谁家芍药殿春后，花飞杨柳空暮春”；赵蕃在《次韵佥判丈》写下“可恨海棠经雨尽，尚余芍药殿春开”；吴锡畴的《临川忆旧》写下“清明上巳多愁雨，芍药荼醾各殿春”；向子諲的《西江月》写下“谁教芍药殿春光，不似酴醾官样”。

不知你注意没有，最后两首诗词中，同时提到了一种花——荼蘼（或写作“酴醾”“荼醿”）。这是一种蔷薇花，它和芍药的花期接近，也有“殿春”的意象。但向子諲却认为它太“官样”，就是有点高高在上、作威作福的意思，不像芍药花那么亲民。

古人将芍药的花期与对时间的感悟关联起来，这是一种大智慧。

第五节　芍药，到底应该怎么读？

说到“芍药”二字的读音，可能很少会有人质疑。而我一开始对读音产生疑惑，是源于明朝李时珍在《本草纲目》中对芍药名字的解释。

在《本草纲目》这部巨著中，李时珍对每种药物进行了“释名”，引经据典地解释了各种植物、药材名字的由来，澄清了同物异名、同名异物等现象，对拯救、继承与弘扬古代本草学具有重要的学术价值与社会意义。

我们来看一下《本草纲目》中对芍药名字的解释：“芍药，犹绰约也，美好貌。此草花容绰约，故以为名。”这句话读起来，似乎也没什么不妥，文字简洁，意思明确，更没有任何古汉语的晦涩难懂。然而，令芍（sháo，读音shuò）见“芍药”。
另见què。
芍药　sháo yao　芍药科。多年生草本。块根圆柱形或纺锤形。二回三出复叶。初夏开花，与牡丹相似，大型，有白、红等色，雌蕊常无毛。

药〔藥〕（yào，读音yuè）①能防治疾病、病虫害的物质。如：中药；农药。②某些有化学作用的物质。如：炸药；弹药。③治疗。《诗·大雅·板》：“不可救药。”④用药毒杀。如：药老鼠。⑤芍药的简称。谢朓《直中书省》诗：“红药当阶翻。”

《大辞海（词语卷）》中“芍药”二字的读音

shuò　yuè　　chuò　yuē
芍药　绰约

“芍药”的古代读音与“绰约”的读音相似

我困惑很久的是，为什么因为芍药“花容绰约”，就得此名呢？绰约，本意是形容女子姿态柔美的样子。那么，世上漂亮的花千千万，堪称“绰约”的，绝非仅仅芍药啊！

百思不得其解时，我偶然听到孩子的山东奶奶喊孩子吃药，她用浓厚的家乡口音说出来的是“吃药（yuè）”。啊，我突然有了灵感！也许，“芍药”这两个字在古代的读音和现在并不相同。于是，我怀着异常激动的心情，开始搜索证据。终于在上海辞书出版社出版的《大辞海（词语卷）》中，找到了这两个字的古代读音，解答了困扰多年的心头之惑。

首先看“芍”字，古代曾读shuò。正如“勺”这个字，古代也读shuò。至今，很多中原地区的方言，仍然将勺子读成“shuò zi”。再看“药”字，它的繁体字是“藥”，草字头下面是音乐的“樂（乐）”。《说文解字》解释说：“藥，治病草。从艸，樂（yuè）声。”药能治疗疾病从而使人快乐，正如音乐能带来快乐一样。其实，古人很早就认识到，音乐也是一种药，能治心病。

既然我们从《大辞海（词语卷）》里找到了这两个字的古音，那么，现在我来重新标注一下“芍药”二字的读音，即它在古代应该读作“shuò yuè”。这样听起来，它是不是就和“绰约”的读音非常接近了。原来，李时珍也爱玩“谐音梗”。

第六节　木芍药，是芍药吗？

苏轼爱花，写过很多赞扬花卉的诗作。有一次他在欣赏梅花时，写道："冰盘未荐含酸子，雪岭先看耐冻枝。应笑春风木芍药，丰肌弱骨要人医。"前两句很明显是直接称赞梅花忍耐风雪、不畏严寒的特性，甚至结出的果实是酸涩的，并不要讨人的喜欢（仿佛忠良之臣的苦谏）。后两句则写木芍药，嘲笑这种花不仅需要春风滋养才能开花（不似梅花在冰雪中绽放），还因为"丰肌弱骨"需要人来精心照顾。

那么请问，苏轼讽刺的"木芍药"是芍药花吗？答案是否定的。木芍药，在古代曾是牡丹的别称。

牡丹与芍药，在我国花界并称"花王"与"花相"。单从这两个称号来看，芍药的地位似乎低于牡丹。但事实上，牡丹出现得比较晚，还是借用了芍药之名，才为众人所熟知。

牡丹真正"走红"，是在唐朝，再具体一些，是在武则天时代的盛唐期。

唐朝舒元舆的《牡丹赋》中写道："古人言花者，牡丹未尝与焉。盖遁乎深山，自幽而著。以为贵重所知，花则何遇焉！天后之乡，西河也，有众香精舍。下有牡丹，其花特异。天后叹上苑之有阙，因命移植焉。由此京国牡丹，日月寖盛。"意思是，在唐朝之前，史料文字里都没有提到牡丹花，因为它那时还藏在深山中，富贵阶层没有发现它；而武则天的家乡在西河（今山西省汾阳市），很多佛教寺庙里种有牡丹，花很奇特，天后感叹自己在洛阳的上林苑（上林苑又称上苑，是唐朝神都洛阳的皇家园林）竟然没有栽培，于是命人把牡丹从河西移栽过来。从此，牡丹才从不为人知的深山，来到了日月普照的皇宫，也自此踏上了它的"花王"之路。作者感叹，牡丹从平凡低贱到富贵荣华，就如同千里马遇到伯乐一样，人生的际遇莫不如此。

芍药与牡丹（木芍药）（左：芍药，右：牡丹）

宋朝史学家郑樵的《通志二十略》中记载："牡丹曰'鹿韭'，曰'鼠姑'，宿枝。其花甚丽，而种类亦多，诸花皆用其名，惟牡丹本无名，依芍药得名，故其初曰'木芍药'。古亦无闻，至唐始著。"从牡丹早期的名字"鹿韭""鼠姑"可以看出，牡丹早前是生长于深山老林中的，其名字都和动物有关，听上去没什么美感可言。后来因为"攀附"上芍药之名，才得以脱胎换骨。

明朝王象晋在《二如亭群芳谱·牡丹》中记载："牡丹，一名鹿韭，一名鼠姑，一名百两金，一名木芍药，秦汉以前无考。"这再次证实了，牡丹依芍药而成名的历史。

宋朝舒岳祥有首诗云："牡丹一名木芍药，拒霜也号木芙蓉。好花名尽多重叠，不取枝同取貌同。"诗人认为，花在取名时互相借用的情况非常普遍，导致很多花的名字重复。这是因为人们只看重外表（花朵形态），而不看重本质（枝条形态）。此诗有几分讽喻人类社会的不良风气——看重表面功夫却不重视内在实质的意味。

第二章
芍药花里的中式美学

第一节　上古之美

芍药有着“最古名花”的头衔。据宋朝虞汝明所著《古琴疏》载：“帝相元年，条谷贡桐、芍药。帝令羿植桐于云和，令武罗伯植芍药于后苑。”这里说的“帝相元年”，据考证是夏朝的帝王姒相所处的时代，距今已有近四千年的历史了，可见芍药是当之无愧的“最古名花”。

《古琴疏》里的这段文字，提到有个名为条谷的地方，进贡给帝相桐树和芍药。这两种植物在当时是非常珍贵的。帝相一看，桐树高大挺拔，就让后羿将他种植到云台（高处）；芍药艳丽多姿，十分惹人喜爱，便命大臣武罗伯将它们栽植在皇家庭院中。但武罗伯这个人，非常耿直，他不满帝相的做法，劝谏道：“帝王您应该追求崇高的道德，这些奇花异草恐怕会让您玩物丧志，不能留下它们，应当把它们拿去喂马。”帝相很不高兴，并不想听从他的劝告。没想到武罗伯竟然以死相逼，帝相只好顺从。《古琴疏》写到这里，就没有继续写芍药的命运了。不过，书里写了桐树的结局：后羿将桐树砍伐做成了古琴，献给帝相。帝相因此沉迷古琴，而疏于朝政，最后被后羿驱逐，失去了帝王之位。从桐树被伐的结局，我们可以猜测，当年的帝相听从了大臣武罗伯的建议。所以也可以推断，芍药大概率是被喂了马（哎，这里为芍药哀叹十秒钟）。

上文提到的《古琴疏》收录于明朝陶宗仪编著的文言大丛书《说郛（fú）》的第一百卷。该丛书选录汉魏至宋元的各种笔记汇编而成。书名取自《扬子法言·问神》中的“天地之为万物郭，五经之为众说郛”，“说郛”的意思就是五经众说。

《山海经》是中国先秦时期最神秘的奇书，内容涵盖上古的地理、历史、神话、天文、动物、宗教等领域，里面有八方诸神、山精海怪，有奇花异木、神话传说，有本草图典、矿物图谱，可谓上古社会生活的百科全书，为我们了解当时的社会风貌、自然资源提供了不可多得的资料。

《山海经》中共有三处出现芍药的身影：

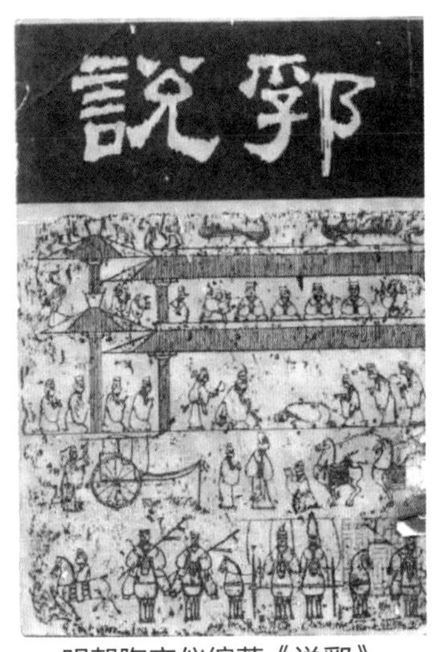

明朝陶宗仪编著《说郛》

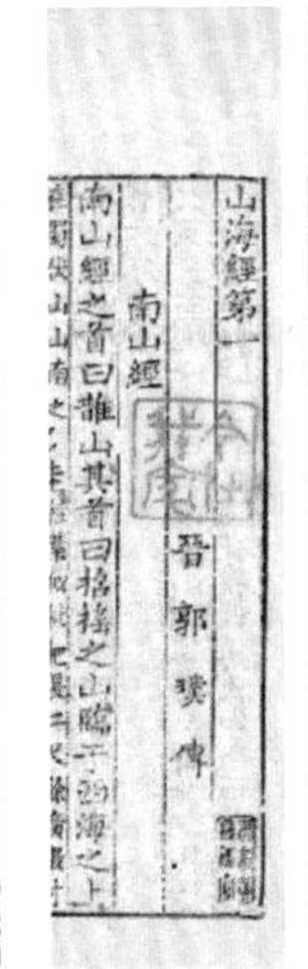

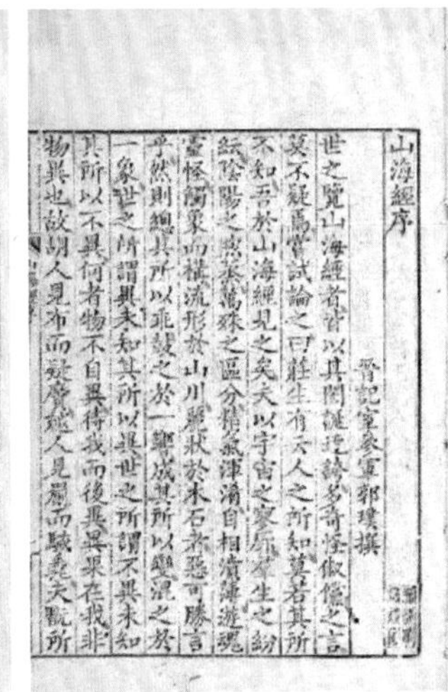

先秦奇书《山海经》

第一处是《山海经·北山经》中载："又北百里，曰绣山，其上有玉、青碧，其木多栒，其草多芍药、芎䓖。洧水出焉，而东流注于河，其中有鳠、黾。"意思是说，再往北一百里[①]有座山，名叫绣山，山上有玉和碧玉石，山中生长的树木多是栒子木，生长的草多为芍药、芎䓖。洧水发源于此处，向东流入黄河，水中有鳠[②]和黾[③]。

第二处是《山海经·中山经》中记载："东北五百里，曰条谷之山，其木多槐、桐，其草多芍药、虋冬。"翻译一下就是，再向东北五百里有座山，名叫条谷山，山中的树木多为槐树和桐树，草类多为芍药、虋冬[④]。

第三处是《山海经·中山经》中记载："又东南一百二十里，曰洞庭之山，其上多黄金，其下多银、铁，其木多柤[⑤]、梨、橘、櫾[⑥]，其草多

① 1 里 = 500 米。
② 鳠（hù），是一种淡水无鳞鱼。
③ 黾（měng），是古代的一种蛙。
④ 虋（mén）冬，指天门冬和麦门冬。
⑤ 柤（zhā），同"楂"，指山楂。
⑥ 櫾（yòu），同"柚"。

葌①、蘼芜②、芍药、芎䓖③。”意思就是：再往东南一百二十里有座山，名叫洞庭山。山上有许多黄金，山下有许多银和铁，山中的树木多是山楂树、梨树、橘树、柚树，草类多是葌草、蘼芜、芍药、川芎。

第二节 爱情之美

花卉一直被认为是爱情和浪漫的象征，大概是因为花卉和爱情一样，绽放的时候灿烂无比，但无法逃脱衰败、凋零的命运。如今，用于表白爱情的花有很多，但追溯到我国古代，排名第一的“爱情花”是芍药花，它曾是恋人们表达爱意的法宝，其在爱情中的地位堪比今日的玫瑰。

一、缘起于《诗经》

芍药，最早作为爱情的信物，出现在2500多年前的《诗经》中。正如前文提到的《溱洧》一诗。郑国的男女之间，赠送芍药表达爱慕之情，也寄托相思之情。芍药成为“爱情”的象征，被后代文学家广为引用。

由于《诗经》中描述的男女相别之时赠以芍药的场景，发生在溱洧江边，因此，芍药又有“江离”“茳蓠”“将离”“可离”“离草”等名称。从这一长串名字里，我们可以清晰看出它们演化的脉络。从一开始非常直接地以“事发现场”命名的“江离”，到加上“艹”的“茳蓠”，让它看起来更像植物的名字；再由谐音演化出“将离”，最后继续演化为“可离”“离草”，只保留或者说强化了人们的情绪，而淡化了原诗中的场景。

历史上，很多植物名称的演化莫不如此，在不断更名、改名的“进化”中，逐渐变得“面目全非”。如果要还原其本来面目，还需要追根溯源，扎实考证。

---

① 葌（jiān），同“菅”，菅茅。
② 蘼（mí）芜，同“蘼芜”，一种香草，可以入药。
③ 芎䓖（xiōng qióng），即中药材川芎。

二、传颂于汉晋

西晋有位名士崔豹（字正雄），在晋惠帝时官至太子太傅丞，就是太子的老师。他写了一本书叫《古今注》，该书解说和诠释了古代和当时的各类事物，包括舆服、都邑、音乐、鸟兽、鱼虫、草木、杂注、问答释义共八大门类，是研究古代习俗、制度、文化的非常具有参考性的资料。《古今注》的最后一章，即《问答释义第八》，以对话聊天的形式，解答了许多问题。其中就有一段关于芍药的对话：

> 牛亨问曰："将离别，相赠以芍药者何？"
>
> 答曰："芍药一名可离，故将别以赠之，亦犹相招赠之以文无，文无一名当归也。欲忘人之忧，则赠以丹棘，丹棘一名忘忧草，使人忘其忧也。欲蠲（juān）人之忿，则赠之青堂，青堂一名合欢，合欢则忘忿。"

我们来翻译一下，有个叫牛亨的人问："将要离别时，为什么要相赠以芍药（而不是其他花）？"回答说："因为芍药还有个名字叫可离，在离别时相赠，表示我们要分离的意思。这就好比你想要召唤谁回来，就邮寄给他（她）文无，因为文无又名当归，收到的人就能立刻明白你的心意。这样类似的例子还有很多，比如想要让人忘掉忧愁，就赠送丹棘（现在认为是一种萱草），因为丹棘也叫忘忧草；想要让人平息愤怒，就赠送青堂，因为青堂也叫合欢，快乐了就会忘掉愤怒。"

这段对话，牛亨只问了一个问题，回答的人却举一反三，给出了一连串的例子，真是个好老师。

说完西晋时期人们对芍药的认识，我们再来认识一位东汉时期著名的儒家学者、经学家——郑玄，他以毕生精力注释儒家经典，其中有一部《毛诗传笺》，简称《郑笺》或《毛诗笺》，是以《毛诗》[1]为主，兼采今文三家诗说，加以疏通发挥，以阐扬儒学的研究性著作。

郑玄在《毛诗传笺》有一段注释："士与女往观，因相与戏谑，行夫妇之事。其别，则送女以芍药，结恩情也。"

郑玄的解释有点露骨，他认为，这对男女已经行了夫妻之事，所以才需要定情信物，由男方赠予女方，两个人相当于是私订终身。

你可能会对郑玄的解释有些不以为然，觉得《诗经》原文"伊其相谑"的解释，应该就是字面意思，指男女彼此开开玩笑，可能是有些重口味的玩笑罢了，怎么能被升级到"行夫妻之事"呢?

不过你如果了解郑玄的学识，就应该不会怀疑他对《诗经》的解读了。郑玄从小就是神童，后来更是学富五车，他最大的理想就是"述先圣之玄意，整百家之不齐"。他毕生的目标就是通过注解、解读儒家经典著作，使儒家思想发扬光大。正是在他的影响下，经学进入了一个"小统一时代"。他的著作被后世称为"郑学"，是汉朝经学的集大成者。

我们回到正题，无论是西晋的《古今注》，还是东汉的《毛诗传笺》，都表明汉晋时期芍药被当作男女传递爱情的信物已是共识。

三、定格于唐宋

芍药的"情花"形象在后世诗人的笔墨之中，不断得到延续。唐宋是中国古代文学的巅峰时期，文人墨客通过芍药来代指爱情的诗词歌赋，可谓车载斗量。如果我们了解芍药作为"情花"这一意象的话，就更容易和诗人共情，读出诗词中深厚的内蕴、高远的格调、细腻的情感。

隋唐时期的江总有一篇《宛转歌》，描写了一位遭到心上人抛弃的女子悲怅的心情。诗词写道："欲题芍药诗不成，来采芙蓉花已散。"这里，

---

①《毛诗》，就是我们常说的《诗经》，因为最早其由战国末年的鲁国毛亨和赵国毛苌二人进行编辑、注释，才得以流传于世，所以《诗经》也称为《毛诗》。

诗人为什么用“芍药”“芙蓉”这两种花呢？因为，“芍药诗”暗指女子曾经历如《诗经》中“溱洧水边，士与女欢爱赠花”一般的往事。而如今事过境迁，人心善变，内心无比悲戚，已无法再题芍药诗了。“芙蓉”，一是谐音“夫之容”，表达女子对旧爱的怀念；二是有“同心莲”“同心芙蓉”的说法，因此也常用此花表达忠贞不渝的夫妻感情。

唐朝杜牧的《旧游》写道：“闲吟芍药诗，惆望久嚬眉。盼眄回眸远，纤衫整髻迟。重寻春昼梦，笑把浅花枝。小市长陵住，非郎谁得知？”这里开篇就提到“芍药诗”，也是特指《诗经》中的那一篇《溱洧》。所以，即使不能完全读懂每一句，但这篇诗歌要表达的意思在第一句就点明了。为什么要读芍药诗？因为在思念情郎。诗歌中的这位女子，时而蹙眉怅望，时而把花浅笑，此诗将恋爱中女子的情态描绘得栩栩如生，画面感十足。

唐朝元稹的《忆杨十二》写道：“去时芍药才堪赠，看却残花已度春。”这里面“芍药堪赠”也引用了《溱洧》里那句“赠之以芍药”。诗人与心上人离别时，芍药正盛开，但如今花儿凋谢春逝去。此诗表达了二人虽然情深意重，但偏偏要面临分别，读之感受到一阵强烈的无力感，令人唏嘘。

唐朝卢储在《官舍迎内子有庭花开》中写道：“芍药斩新栽，当庭数朵开。东风与拘束，留待细君来。”“细君”意为作者的妻子。作者面对庭中新开的芍药，欣赏的同时，却希望春风放慢催花的脚步，芍药不要一次开完，要慢些开，等到妻子回来再开放。此中真情，比溱洧边的折枝相赠又细腻了几分。

唐朝许景先的《阳春怨》写道：“红树晓莺啼，春风暖翠闺。雕笼熏绣被，珠履踏金堤。芍药花初吐，菖蒲叶正齐。藁砧当此日，行役向辽西。”诗中女子感慨于春光之美，尤其是看到芍药花开，不由产生与相爱之人携手共赏的愿望。然而此时丈夫却已出征远行，令其顿生思念之情。

唐朝罗隐的《仿玉台体》诗云："青楼枕路隅，壁甃复椒涂。晚梦通帘柙，春寒逼酒垆。解吟怜芍药，难见恨菖蒲。试问年多少，邻姬亦姓胡。"诗人通过怜悯被寒冷天气迫害的芍药花来表达凄婉的情愁。

宋朝史达祖的《祝英台近》诗云："柳枝愁，桃叶恨，前事怕重记。红药开时，新梦又溱洧……可堪竹院题诗，藓阶听雨，寸心外、安愁无地。"芍药与溱洧同时出现，表达作者了对溱洧河畔的爱情传说的向往。

宋朝杨泽民在《四园竹》中写道："当时芍药同心，谁知又爽佳期。"这句诗清晰地表明了芍药是情感的信物与爱情的象征。可惜当年的"芍药之约"不再，佳期难逢，情词难抒，秋深情亦深。这首诗为我们贡献了一个成语——"芍药同心"。

四、继承于明清

明清戏曲中，芍药作为爱情信物或爱情见证也屡见不鲜，《牡丹亭》是其中最为杰出的代表，正如明朝吕天成所赞誉的"惊心动魄，且巧妙迭出，无境不新，真堪千古矣！"其可谓一部思想性和艺术性俱佳的作品。杜丽娘和柳梦梅在芍药栏边幽会的情节成为我国浪漫主义文学中不朽的篇章，使芍药栏最终确立了"男女两性表情达意的主要场合"及"男女灵肉契合的独特环境"象征意义。中国传统园林中，也常以"芍药栏"的造景来表达人们对爱情的憧憬，传达"栏边芍药池边柳，花花叶叶，双双对对，蝴蝶宿深枝"的文学意象。

清朝褚人获《坚瓠集》中记载了一段趣闻：乾隆年间，有个医生外出行医，很久也不回家，妻子十分想念，巧妙地将中药名串起来，写了一封情书寄给丈夫，堪称"中药情书第一"。情节写道："槟榔一去，已过半夏，岂不当归耶？谁使君子，效寄生缠绕他枝，令故园芍药花开无主矣。妾仰观天南星，下视忍冬藤，盼不见白芷书，茹不尽黄连苦！古诗云：豆蔻不消心上恨，丁香空结雨中愁。奈何！奈何！"这封情书中，

爱情花芍药

出现的中药名有十二种，分别是：槟榔、半夏、当归、使君子、寄生草、芍药、天南星、忍冬藤、白芷、黄连、豆蔻、丁香。在浓浓的药香背后，是更浓的思念之情。其中，花开无主的“故园芍药”则暗喻了与爱人分离的自己。

乾隆年间状元汪如洋在《扬州慢·咏芍药》中写道：“春嬉南浦，记盈盈、儿女情苗。”更是将芍药称为中国人的“儿女情苗”。

从《诗经》中的“赠之以芍药”，到唐诗宋词中的相思之花，从元明戏曲中作为男女幽会之所的芍药栏，到清朝诗词中“儿女情苗”，在我国悠久深厚的传统文化中，芍药作为爱情之花，铭刻于古人心中。近代，随着西方文化的涌入，越来越多的年轻人只知道送玫瑰来表达爱情，殊不知，玫瑰在中国传统文化里从来没有“爱情”的意象，芍药才是我们自己的“爱情花”。希望通过此书，越来越多的人能够认同中国传统文化，从中汲取文化自信的力量，让芍药花成为中西方花文化融合的使者，带给世界一个全新的“爱情”诠释。

第三节 女性之美

一、曾惜名花第一娇

法国诗人马拉美曾为自己心爱的女子雅丝丽写下诗句："每朵花都梦想着雅丝丽夫人。"的确，花柔美、娇羞的特点与女性非常相似。所以，将女性比喻成鲜花，古今中外，莫不如此。

白色芍药的仙气之美

芍药花，在中国古人的眼中，其特点似乎比其他花卉更加贴近女性的形象。李时珍在《本草纲目》里形容道："芍药犹绰约也。""绰约"一词，本意是形容女子柔美的姿态。李时珍认为，芍药花宛若婀娜多姿的少女。认同李时珍这个观点的，既有前人，又有来者。

唐朝有个白色的芍药花品种，名为'玉盘盂'，曾先后被苏轼和杨万里歌咏过。苏轼赞美它："姑山亲见雪肌肤。"杨万里也附和道："欲比此花无可比，且云冰骨雪肌肤。"而"冰骨雪肌肤"这一说法，最早出现在庄子的《逍遥游》里，庄子说他在山中看到一位仙女，"肌肤若冰雪，绰约若处子"。可见，芍药之美，是那种飘飘欲仙的美，从花容到姿态，都犹如不食人间烟火的仙女。

芍药的女性意象，突出地显示在唐朝元稹的《红芍药》中，诗中形容芍药花"受露色低迷，向人娇婀娜。酡颜醉后泣，小女妆成坐。"诗中生动描写了红色芍药盛开时明艳的色彩美及姿态的娇羞美，并将其比作梳妆后端坐的少女。

唐朝孟郊在《看花》中，将芍药比喻成笑意盈盈的女子："家家有芍药，不妨至温柔。温柔一同女，红笑笑不休。"随风摇曳的芍药如同小家碧玉，温柔绰约，柔情万种。

宋朝秦观的《春日》诗曰："有情芍药含春泪，无力蔷薇卧晓枝。"经历春雨的芍药花饱含雨露，让人联想到泪光盈盈的少女，怎能不生出怜爱之情呢？这句诗，将芍药含情脉脉的女性美感，体现得淋漓尽致。

宋朝黄庭坚在一首《绝句》中将芍药比喻成红袖善舞的女子："春风一曲花十八，拼得百醉玉东西。露叶烟丛见红药，犹似舞馀和汗啼。"雾气缭绕中的芍药，好似穿着红舞衣的歌女，香汗泔漓，翩翩起舞。

元朝诗人杨允孚在《咏芍药》中曰："扬州帘卷东风里，曾惜名花第一娇。"诗中赞美芍药花为"第一娇"，美名不灭，传奇不朽。"名花第一娇"是对芍药的赞誉，更是对芍药花惟妙惟肖的生动描述。

清朝孔尚任在《咏一捻红芍药》中写道："一枝芍药上精神，斜倚雕栏比太真。料得也能倾国笑，有红点处是樱唇。"诗中将花瓣白如凝脂，丰腴玉姿的'一捻红'芍药品种，喻为美人杨贵妃，体现其活色生香的魅力。

芍药的女性美

将芍药与女性联系起来的文学作品，还有我们熟悉的《红楼梦》。书中第六十二回的题目是《憨湘云醉眠芍药裀　呆香菱情解石榴裙》，曹雪芹借助芍药，把湘云的娇憨可爱描摹得画面感十足。

因此，提起芍药，就能让人联想到柔情娇羞、巧笑嫣然的女子。它枝叶纤柔典雅，花容绰约生姿，带给人一种如沐春风的美好，引发人们对纯洁青春的向往。芍药也因此收获了“娇容”“娇客”“没骨花”等美好的别称。

古籍《芍药谱》里所记载的芍药品种名，如‘冠群芳’‘宝妆成’‘叠香英’‘醉西施’‘妒娇红’等，大多有“妆”“香”“娇”“西施”等显著代表女性意义的词汇。

二、宜致美人赠，服之良有功

元朝著名理学家、诗人刘因，曾以自己的号“静修”为名，写了一本《静修集》，收录自己所作的诗文。其中卷五的《饮山亭杂花卉八首》，他为自己喜欢的八种花卉，分别作了一首五言诗。这八种花卉是牡丹、芍药、蔷薇、萱草、合欢、荼蘼、木槿、蜀葵。其中，对于芍药花，刘因看重的居然不是它的美貌，而是它的功效。原诗为：“宜致美人赠，服之良有功。分形虽异种，气类暗相通。”意思是说，这种花最适合赠送美人了，原因竟然是“好吃”。刘因认为，与其让美人赏花，不如让美人食之，长期服用，具有美容养颜的功效。然后他又说，虽然芍药花的品种多，样貌看上去各不相同，但本身的“气”是类似的，就是说药效相近，都可以让美人更美。女性朋友读到此处，是不是觉得刘因很贴心，堪当“妇女之友”！不过，真正的“妇女之友”是咱们本书的主角——芍药。

刘因在诗中，并没有写明芍药花到底怎么食用，食用哪个部位。不过，芍药可以说浑身都是宝，不仅根部可以入药，即著名的“白芍”“赤芍”，其花瓣也可以食用。

第四节　品格之美

中国作为一个历史悠久的农耕文明国家，中国人与花木之间建立了自然而深厚的情感纽带，花木的气质早已渗透进中国人的性情之中。花木根植于土地，生长于四季，顺应大自然的规律，展现生生不息的活力。这与中国人追求的“天地大化，合于至道，自强不息，止于至善”的最高生命境界，有着微妙的相似之处。因此，中国人喜欢用花木来比喻人的精神和品格，无论是在先秦时期，《诗经》里的“参差荇菜”，《楚辞》里的“纫秋兰以为佩”，还是东晋陶潜的“采菊东篱下”，宋朝周敦颐的《爱莲说》，无一不彰显着人与花木之间紧密的联结。

文人墨客历来都有品茗赏花、以花会友的爱好，他们以花入诗画、借花喻人、托花言志，形成了独特的花文化，而花文化的核心，便是花的人格化。芍药在陪伴人类社会发展的四千年历史中，也被赋予了良好的品德。

一、高洁厚德

南朝宋人王徽的诗《芍药华赋》云：“原夫神区之丽草兮，凭厚德而挺受。翕光液而发藻兮，飏风晖而振秀。”诗中极力赞美芍药优美的风致，是源于它内心的“厚德”。正如莎士比亚所说，外在的相貌其实是内心世界的一面镜子，善良使人美丽，拥有一颗善良高洁的心，远胜过任何服饰、珠宝和妆扮。

唐朝才子钱起，视诗佛王维为前辈和知己，在诗歌创作上曾得到过王维的指点，受益颇多。王维离世后，钱起非常怀念与王维那段友情。有一次他路过王维的故宅，偶见堂前的芍药花正在璀璨绽放，不禁心潮澎湃，写下《故王维右丞堂前芍药花开，凄然感怀》：“芍药花开出旧栏，春衫掩泪再来看。主人不在花长在，更胜青松守岁寒。”诗人赞美这些芍药花的高洁品质，年年岁岁都会如期开花，甚至胜过庭前耐寒的青松，忠诚地守护在王右丞的堂前。诗人睹花思人，借物抒怀，芍药这种不离

芍药与松柏类植物搭配

不弃的高洁品格，常让我们自愧弗如。

二、淡泊谦逊

芍药的花期在春末，此时百花多呈现凋败之象，而芍药依然盛开，展现出“敢殿三春后，乐让百花先”的君子之风。历代文人对其气节多有称赞，宋朝诗人王十朋在《芍药》一诗中写道：“千叶扬州种，春深霸众芳。无言诮君子，窈窕有温香。”就歌颂了芍药独领群芳的风韵和君子之风。

芍药的谦逊之美

芍药与牡丹，被称为“花中双绝”，二者也常同时出现在古人的诗词中。而与国色天香、大名鼎鼎的牡丹相比，芍药的花期更晚，显得低调内敛。

宋朝诗人邵雍的《芍药四首·其三》通过对春末景象的描写，称赞芍药谦逊的君子品德：“一声啼鴂画楼东，魏紫姚黄扫地空。多谢化工怜寂寞，尚留芍药殿春风。”‘姚黄’‘魏紫’是两个名贵的牡丹品种，芍药开花时，它们已然凋落，唯有芍药不与百卉争宠，默默坚持到最后。

北宋宰相韩琦深爱芍药花，作诗《和袁陟节推龙兴寺芍药》云：“洛花年来品格卑，所在随人趁高价。接头着处骋新妍，轻去本根无顾藉。不论姚花与魏花，只供俗目陪妖姹。广陵之花性绝高，得地不移归造化……以此扬花较洛花，自合扬花推定霸。”第一句，“洛花”即“洛阳花”，就是牡丹。韩琦认为牡丹品格不高，落于流俗，只能供俗人欣赏，而芍药坚韧不拔，固守本性，品格更胜牡丹，应在花中称霸。

明朝诗人何景明在《袁秀才书院芍药》中称芍药“不恨先桃李，皆言胜牡丹。”芍药并不嫉妒桃李早开，诗人赞美它宽容大度的品格，人们都认为芍药的美远胜牡丹。

清朝诗人龚自珍在《已亥杂诗》中也写道：“可惜天南无此花，丽情还比牡丹奢。”他遗憾在南方看不到芍药花，在诗人心里，芍药的颜值要比牡丹高。

在春天里，芍药不与群花争艳，任它们招蜂引蝶、竞现芳华。芍药只是默默地积蓄力量，等到百花枯寂的春末，才奋发而起，一展风采，显出独领群芳的动人风姿，为冷清的春末添上浓墨重彩的一笔。芍药身上这种谦逊礼让、淡泊名利的气质，正是古代君子追求的精神境界，也是中华民族的传统美德，有着永恒的历史价值和时代价值。

三、顽强坚韧

清康熙年间，江苏省扬州市宝应县，有个名叫王式丹的孩子，天资聪颖，又从小受家门熏陶，9岁就能写文章，10多岁应童子试，28岁补博士弟子员，名震大江南北。当时江苏巡抚宋荦编辑了一部《江左十五子诗选》，王式丹的诗不仅入选了这部诗集，而且在15个人里排名第一，可见其才华斐然。然而，王式丹的仕途却非常坎坷，屡试不第。但他却从不言败，至老刻苦攻读，直到康熙四十二年（1703年）二月，终于以59岁高龄连捷会元、状元。殿试时，康熙帝指名阅读王式丹试卷，读后

芍药的坚韧之美

大加称赞，问群臣："此卷作卷头，天下人服否？"群臣皆对曰："无有不服者。"遂拔置一甲一名。后人称王式丹为"白头状元""花甲状元"。王式丹为此赋《芍药诗》一首，写下"开时不用嫌君晚，君在青云最上头"的豪迈诗句，他自比芍药花，表达自己勇往直前、不屈不挠的斗志，后人赠他"王芍药"的美名。

第五节　富贵之美

美艳端庄的芍药，和牡丹一样，也是富贵吉祥的象征。

一、四相簪花写传奇

在宋朝科学家、文学家沈括所著的《梦溪笔谈·补笔谈》中，记载了著名的"四相簪花"的典故：相传在北宋庆历五年（1045年），韩琦上任扬州太守时，其府署后园中有一株芍药，一茎分四叉，各开一花。

（明）仇英《四相簪花图》（局部）

（清）黄慎《簪花图》（局部）

芍药品种‘大富贵’

芍药的花瓣是红色的，花瓣中部有一圈金黄色花蕊，宛若红袍官服中间的金带。当时扬州虽然芍药花众多，但这种奇品却未曾出现过。韩琦觉得十分奇异，就邀约了三位好友同来观赏。酒至中筵，一时兴起，他就剪下四朵花，在座的四人各簪一朵。后三十年间，四人皆成为北宋的宰相。除了韩琦，其他三人分别为王珪、王安石、陈升之。后来，明朝的仇英、清朝的黄慎等书画家，都根据这个故事创作过绘画作品，流传于世。

这个充满巧合和传奇色彩的故事很快传扬开来，故事中的芍药品种便被称为'金缠腰'（又称'金带围'）。官员们都以能观赏到此花为升官的吉祥征兆，百姓们更是认为，见到此种芍药花就意味着当地要出宰相了。明朝止庵法师曾有诗云："玉阶宜有此花开，金鼎调香宰相才。"说的就是这个典故。

"四相簪花"的故事，使芍药罩上一层神秘的色彩，成为富贵祥瑞的征兆。而今，芍药里有个常见的品种，名为'大富贵'，不仅色艳群芳，而且适应性极强，是不可多得的传统品种之一，正表现出富丽堂皇之实。

二、带刀皇后吴芍芬

《宋史》记载了一位皇后（宋高宗赵构的皇后）与芍药花的故事：吴皇后的父亲叫吴近。他有一次睡觉时梦到一个亭子，亭子匾额上有"侍康"二字。侍康亭旁种满芍药花，但万绿丛中仅有一株红芍药在开花，妍丽可爱，芬芳四溢。芍药花下还有一只白羊。吴近从梦中醒来，深感惊诧，但不知这是何预兆。

结果到了乙未羊年（1115年），吴近喜得一女，"方产时，红光彻户外"。老父亲喜出望外，遂给女孩取名"吴芍芬"，以纪念那个美好的梦境。但让人做梦也没想到的是，这位以芍药花为名的女子，人生一路"开挂"，竟然一直坐上皇后宝座。

所以，当年吴近梦到的侍康亭，其实预示着其女要服侍康王。康王就是后来的宋高宗赵构。吴芍芬十四岁时被选入康王宫。据说她不仅容貌标致，而且胆色过人，经常一身戎装，立于赵构左右，刀剑相随，威风凛凛，时常扮演着保护和宽慰自己丈夫的角色。靖康之耻后，她一路跟随赵构南逃，途中曾亲手用弓箭射杀一名追兵。当他们狼狈地在海上漂泊时，有一条鱼跃入船舱，吴芍芬不失时机地说道："此周人白鱼之祥也。"当时北宋刚刚灭亡，金兵大举南下，恐慌无助的赵构只好"入海避敌"，他们在温州沿海漂泊了四个月之久，前有恶浪，后有追兵，其间窘迫之状可想而知。吴氏的吉利话令赵构十分高兴，并重新燃起了希望，马上封她为夫人，到达目的地后，又晋封她为才人。

"白鱼入舟"的典故出自《史记·周本纪》。当年周武王率领大军渡过黄河，有白鱼跃入王舟中，之后周朝取代了商朝。白鱼入舟被视为用兵必胜的征兆，也象征着吉祥和好运。

此后的很长一段时间里，吴芍芬博览书史，文武双全，越来越被高宗看重，最终被册封为皇后。这位"带刀皇后"，相伴宋高宗五十六年，从侍婢一路奋斗到皇后、太上皇后、皇太后、太皇太后，历经高、孝、光、宁四朝，是南宋初期最传奇的女人。她才貌双全，为人淡然平和又心胸开阔，正如芍药花所展示给世人的品格。

第六节　芳香之美

芍药不仅有颜值，而且气味宜人。芍药香，不是玫瑰那种热情奔放的浓香，也不是牡丹那种有人爱有人恨的药香，而是一种若隐若现的雅香。现代人在培育花卉品种时，注意力多放在花色、花形上，导致具有花香品种的培育种日渐式微，所以香味明显的花卉品种在当今尤显珍贵。

如果您对芍药的香气还有几分质疑，不妨来看看古人是如何赞美芍药香的吧！

一、狂　香

唐宋八大家之首韩愈，曾形容芍药有"浩态狂香"之美。由韩愈首创的这个词，为后世的宋词、元曲广为引用。也就只有自称"楚狂小子"的韩愈，能将芍药香，写得如此传神。

韩愈，字退之，河南人。其家族原为河北昌黎的望族，故世人也称他为“韩昌黎”“昌黎先生”。他才华横溢，却狂妄不羁，在官场得罪了很多人。苏轼评价他是“文起八代之衰，而勇夺三军之帅”。韩愈喜欢芍药花，曾赋诗两首，其中之一为《芍药歌》：“浩态狂香昔未逢，红灯烁烁绿盘笼。觉来独对情惊恐，身在仙宫第几重？”诗人用“浩”字形容芍药的姿态，用“狂”字描绘芍药之香气，如此大胆夸张的描写，令人过目难忘，诗人又用“红灯烁烁”形容芍药靓丽的花朵，用“盘笼”形容芍药的叶子；当诗人醒后独与芍药相对时，又惊又恐以为自己身处仙宫之中。

另外，唐朝潘咸也写过一首《芍药》，里面一句“媚欺桃李色，香夺绮罗[1]风”，形容芍药花朵娇媚的颜色赛过了桃李，浓郁的花香压过了赏花女子身上喷洒的香粉。一个“夺”字，显得特别有力量，也带有几分“狂香”之意。芍药的香气是沁人心脾的，是大自然的馈赠，比起“绮罗风”中的人造脂粉香水不知强多少倍。

“浩态狂香”的芍药花

① 绮罗，原指华贵的丝绸衣服，这里代指贵妇美女。

二、醉 香

古人常将赏花与品饮美酒结合起来，边赏花边小酌，是古人追求天人合一、物我两忘的一种现实体验。“天不醉人醉，地不醉花醉”是唐宋时期文人雅士的最高赏花境界。嗜酒爱花的欧阳修最大的理想就是：“我欲四时携酒赏，莫教一日不花开。”

芍药花开在晚春时节，古人对其欣赏也常与美酒相伴。留下的诗词文章里，伴随着醇厚的酒香，正是：酒不醉人，花醉人。芍药花的“重度粉丝”邵雍在《芍药四首》中写道：“含露仙姿近玉堂，翻堦美态醉红妆。对花未免须酣舞，到底昌黎是楚狂。”诗人形容带着露水的芍药，长在堂前的台阶边，活色生香得让美女都陶醉不已；而能够对着花畅饮并情不自禁起舞，达到忘我境地的，还得是自称“楚狂小子”的韩愈（韩昌黎）。这首诗可算作邵雍对韩愈芍药诗的致敬之作。

唐朝诗人白居易，写过大量赏花诗，其中有一首《春尽日》，说自己在春末夏初的某日，感叹春光短暂，无人陪伴的他只能自己独坐，幸好还有芍药相伴。于是他一边“醉对数丛红芍药”，一边“渴尝一碗绿昌

活色生香的芍药花

明”（绿昌明，即昌明地区产的绿茶）。白居易独坐在庭院中，望着小院中的花花草草，此时没有人陪他聊天，没有人陪他酌酒，他只能独自喝尽杯中酒，然后自己又倒上一杯。全诗弥漫着浓浓的“孤独气”：一壶酒、一碗茶、一丛花、一个人。到底是酒醉还是花醉？已难以分辨。

王禹偁在《芍药诗》中，也认为欣赏芍药花的正确方式，就是“红药开时醉一场”。柳宗元在《戏题阶前芍药》中写下“欹红醉浓露，窈窕留馀春”的句子，形容芍药花香气浓郁得让露水都陶醉了，更别说是人了。而醉卧在花丛中与花共眠的经典案例，当然要数曹雪芹笔下的史湘云啦。她微醉后，酣睡在芍药花丛中的场景，不知打动了多少少男少女的心。

三、异　香

宋朝司马光在《和陈殿丞芍药》中，对芍药大加赞赏：“化工余巧惜别春残，更发浓芳继牡丹。檀点藏心殷胜缬，异香迎鼻酷如兰。”司马光感叹大自然珍惜最后的春光，让比牡丹还芬芳的芍药登场。这株芍药洁白的花瓣里，点缀着殷红的花心，异香扑鼻而来，仿佛兰花的香气。将芍药香比作兰花香，这不仅仅是对芍药香气的认可，更认为这两种花具有一致的高雅脱俗的精神。兰花作为“花中四君子”之一，历来被赋予超凡脱俗的气质，象征优雅高洁。在司马光眼里，芍药也拥有同样的气质和品格。

“芍药异香”在《西游记》里也出现过。那是第九十四回《四僧宴乐御花园　一怪空怀情欲喜》，“唐僧都到御花园内观看……芍药异香，蜀葵争艳。白梨红杏斗芳菲，紫蕙金萱争烂漫。”这一段描写的是天竺国国王邀请师徒四人去御花园赏花的情景，花园中芍药花开正盛，香气浓烈，与其他花卉一起组成一幅美丽图景。

宋朝文学家黄庭坚在延寿寺遇见一种名为‘醉西施’的红芍药品种，写下一首诗《延寿寺见红药小魏扬州号为醉西施》，记录当时的感受：“醉红如堕珥，奈此恼人香。”黄庭坚描绘这株‘醉西施’，酒醉般红艳的花朵，低垂摇曳，仿佛女子的耳环，它浑身散发的浓烈香气，让人无法回避，久闻不厌。

宋朝诗人王仲修在《宫词》里也提到芍药香："春深百卉过芬芳，雕槛惟余芍药香。应是东君偏着意，日华浮动御衣黄。"春天已接近尾声，百花都已开败，唯有芍药还在庭院雕栏处独自芬芳；这是因为春天对芍药的偏爱吧，让太阳的光芒映照在它的身上。这里的'御衣黄'是古代芍药的一个品种（牡丹里也有一个同名的品种），记载于王观的《扬州芍药谱》中。

元朝郝经的《芍药》中对芍药香的描述又有了新高度，他形容芍药"烟轻雪腻丰容质，露重霞香婀娜身"，意思是，淡淡的轻烟笼罩着芍药那雪白滑腻的肌肤，更显得姿容秀丽；浓重的露珠儿挂在芍药彩霞般芳香的花瓣上，愈衬得妩媚多姿。诗人用"霞香"一词，给读者呈现出"有色、有香"的生动画面。

第七节　药食之美

一、独得药名有奇效

芍药，不仅在花界声名远扬，在药界更是大放异彩，是当之无愧的"跨界高手"。司马光曾评价芍药"自有殊功存药录，不当独取郑诗看"，意思是，芍药花可不是只有华而不实的外在，如果只知道它在《诗经》里被当作"爱情信物"这一个知识点，就太小瞧它了；芍药在药典里，还有着非常特殊的药用价值，对人类贡献很大。

芍药的主要药用成分是芍药苷，有养血柔肝之功效，能调节女性内分泌，促进新陈代谢，提高机体免疫力。

有"女性养血第一方"之称的"四物汤"，就是以芍药的根为"佐药"成方的。四物汤的四种药材分别为：白芍、当归、地黄、川芎。其中，白芍入肝，当归入心脾，地黄入肾，川芎则通理上下，行血中之气。

中药方剂《汤头歌诀》对四物汤的评价非常高，说它是“血家百病此方通”。所以，四物汤从古至今都被当作女性保养之要药，特别是用来调理月经。

东汉张仲景著的《金匮要略》中提到一味方剂，叫作“当归芍药散”，说“妇人腹中诸疾痛，当归芍药散主之”。他叮嘱医家，对于妇科疾病，谨记这十四个字就行。当归芍药散由五味药构成，分别为白芍、当归、川芎、茯苓、白术。

唐朝的甄权在《药性论》中记载白芍可“治肺邪气，腹中疞痛，血气积聚，通宣脏腑拥气，治邪痛败血，主时疾骨热，强五脏，补肾气”。

明朝李时珍在《本草纲目》中指出白芍善治虚证、血证所致的疼痛，包括“鼻血不止，鼻血、咯血，崩中下血、月经不停，赤白带长期不愈”等。

中医认为人的皮肤色泽与气血有很大关系。能够补血的白芍，可以很大程度上起到美白润肤的作用，特别是对于气血虚导致的皮肤粗糙、黄褐暗沉、色素沉着等问题效果很好。明朝医学著作《医学入门》中记载了一方“三白汤”，该方的三味药均以“白”字开头，即白芍、白术、白茯苓。“三白”辅以甘草，可以起到补血益气、调理五脏的作用。简单有效的三白汤，至今仍为很多爱美人士所推崇。

二、芍花盛开入馔来

“以花入馔”，一直是我国灿烂饮食文化宝库中的风雅之事，对花卉食用价值的开发深刻地体现了我国劳动人民的智慧。芍药作为我国栽培历史最久远的观赏花卉，其饮食文化可以追溯至秦汉时期。

1. 调和芍药酱

西汉辞赋家枚乘在《七发》中列举汉朝“至味”，便提及“熊蹯之臑，勺药之酱……此亦天下之至美也”，可见在当时，芍药酱已经作为一种高档的调味品出现在贵族们的餐桌上了。此外，《汉书·司马相如传上》

中记载“勺药之和具，而后御之”，李善注引韦昭《上林赋》注“勺药和齐咸酸美味也”都说明了芍药在古代是作为一种调味料来使用的。到了唐朝，王维《奉和圣制重阳节宰臣及群官上寿应制》诗云：“芍药和金鼎，茱萸插砒筵。”可见当时的芍药已成为重阳节宫廷宴会上不可或缺的美味。而萧邺的《岭南节度使韦公神道碑》一文中载：“拜京兆尹。京师称难治者……公能勺药其间，妥然无一事。”这表明芍药的五味调和作用已被进一步引申为政治上协调处事的能力。

2. 香煎芍药芽

宋元时期，女真族有吃芍药芽的习俗。芍药芽应该类似现在仍大受欢迎的各种“芽菜”，香椿芽、花椒叶芽等。据《大金国志》记载：“女真多白芍药花，皆野生，绝无红者。好事之家采其芽为菜，以面煎之，凡待宾斋素则用之。其味脆美，可以久留。金人珍甚，不肯妄设，遇大宾至，缕切数丝置碟中，以为异品。”用面包裹芍药芽，然后油煎，口味鲜脆，和现在炸香椿叶、炸花椒叶很类似。

香煎芍药芽

元上都是元朝的陪都，是闻名中外的历史名城，又称为“上京”“滦京”“滦阳”，元上都居民也有采食芍药芽的习俗。宋末元初的诗人陈孚，在其诗作《夜宿滦河鞯儿》中便有“盘里蔬堆芍药芽”之句。

明朝王象晋的《二如亭群芳谱》中也记载有芍药嫩叶的做法：春天采芍药之嫩叶或花瓣，裹面油煎食。这样做出来的食物脆美，而且久留不坏。

3. 芍药嫩叶茶（琼芽茶）

芍药的嫩叶，不仅可以当蔬菜吃，还可制茶。《琼芽赋》等元朝文献曾记录“琼芽茶”的制作方法：“盛以文竹之筥，屑以绿石之硙，瀹之以槛泉，燥之以夫遂，广延绀霜逊其色，丹丘宝露愧其液，诸柘巴且甘斯埒也，留夷轩于芬斯夺也。”最后一句的“留夷”是芍药的别称。这段讲了制芍药嫩叶的大致工艺，包括晒青蔫萎的芍药芽，用石磨研碎，用山泉水蒸熟，再干燥，等等。

芍药嫩叶做的琼芽茶在元朝盛极一时，驰誉皇城和达官贵族之间。元朝袁桷《竹枝词》诗云：“山后天寒不识花，家家高晒芍药芽。南客初来未谙俗，下马入门犹索茶。”元人王沂还专为此赋诗《芍药茶》：“扬州四月春如海，彩笔曾题第一花。夜直承明清似水，铜瓶催火试新芽。”可见当时士大夫们对于芍药茶的喜爱。

琼芽茶的影响力在明清亦有之，明朝诗歌中也多有“石田烟暖茁琼芽”“茗煮琼芽嫩”“茶烹雀舌赛琼芽”，皆以琼芽指代茗茶，即“芍药嫩叶茶”。

芍药嫩叶茶

古书记载，琼芽茶清腴甘芳，味道醇厚，不仅提神、益气、清脑，还具有除血痺、破坚积寒热、止痛、利赤尿、去水气、利膀胱、治腹痛、腰痛等功效。这些功效绝非一般茶品可比拟和替代。古人讲药食同源，《琼芽赋》中提及："娈阳之野多芍药，人掇其芽以为蔬茹，雄武邢遵道始治之，以代茗饮。"邢遵道是当时炮制药茶的高手，他以茶代药疗疾的方法与现在的食品保健法如出一辙。只可惜，这种茶现在已经失传了。

同时代国史学家黄溍也在《金华集·卷六》中有诗若干首，其中《滦阳邢君隐于药市，制芍药芽，代茗饮，号曰琼芽，先朝尝以进御云》赞美："君家药笼有新储，苦口时供茗饮须。一味醍醐充佐使，从今合唤酪为奴。""芳苗簇簇遍山阿，珠蕾金芽未足多。千载茶经有遗恨，吴侬元不过滦河。""春风北苑斗时新，万里函封效贡珍。羡尔托根天尺五，不劳飞骑走红尘。"

4. 芍药鲜花茶

元朝不仅采用芍药芽为蔬菜、制茶，也采集芍药花做饮品。如王士熙的《竹枝词》就记述："山上去采芍药花，山前来寻地椒芽。土屋青帘留买酒，石泉老衲唤供茶。"采用芍药花配合地椒芽做成花茶，山泉水烹之，是诗人所描述的滦河山人的日常。

芍药鲜花茶

市场上销售的芍药花茶

现代研究发现，芍药除了根可以作为中药之外，其花瓣中也包含了多种营养物质，如蛋白质、可溶性糖、有机酸、脂肪、维生素和矿物质等，都具有较高的食用价值，而黄酮、黄酮醇、花青素苷、单宁等酚类化合物又使它具备了良好的保健功能。

芍药鲜花茶的具体做法非常简单，可以摘取芍药新鲜花瓣，置于室内阴凉处干燥。饮用时取一茶匙干燥花瓣，用滚烫开水冲泡，可调入冰糖、蜂蜜、绿茶、红糖等一起饮用，效果更佳。

5. 芍药籽油

作为新兴的食用油种类，芍药籽油的开发极具市场开发潜力。

芍药籽油主要含有豆蔻酸、棕榈酸、棕榈-烯酸、硬脂酸、油酸、亚油酸、亚麻酸和花生酸八种脂肪酸。其中，亚麻酸含量最高，平均达34.14%，其次为油酸和亚油酸，这三种不饱和脂肪酸的含量占全部脂肪酸的93.37%。

芍药籽油富含不饱和脂肪酸，出油率高，有效成分含量相对稳定。不饱和脂肪酸是当今公认的对人体有益的化合物，具有抗肿瘤、抗炎、改善心血管和调节免疫等医疗保健功能。很多品种芍药籽油的不饱和脂肪酸含量甚至超过大豆（80.7%）、橄榄（89%）等植物的不饱和脂肪酸含量，其具有极高的营养价值。

芍药的果荚和种子

芍药籽油

6. 其他芍药美食

（1）芍药花油饼：清朝德龄公主，曾作为慈禧太后的御用翻译，在她身边服侍两年，对慈禧太后的起居饮食颇为了解。在她的回忆录《御香缥缈录》里，记录了一道慈禧太后很喜欢的美食，名为芍药花油饼。芍药花油饼是用芍药新鲜的花瓣，包裹上鸡蛋液和面粉，油炸后做成的一种薄饼。芍药花油饼不仅美味，而且有滋补、养颜的功效，深受“美容达人”慈禧太后的喜爱。

（2）芍药花粥：先用粳米加适量水煮粥，煮好后放入白色阴干的芍药花瓣，再煮2~3分钟，出锅加入白糖即成。芍药花粥清爽可口，香醇诱人，经常饮用可以养血调经，治肝气不调、血气虚弱而导致的肋痛烦躁、经期腹痛等症。

（3）三白汤：一种流传较广的宫廷御用美白方，可以治疗伤寒虚烦等症，在补气血、美白润肤方面效果显著。取白芍、白术、茯苓各5克，甘草3克，适量水烧开后加入药材，再转文火煮20分钟以上即可。

（4）四物鸡汤：取白芍10克，当归7克，川芎10克，熟地黄12克，用清水冲去浮尘。将鸡肉洗净切块，开水焯几分钟去除血水，之后将药材和鸡肉放入砂锅中，加1升开水，熬制2~4小时，最后加入适量盐调味即可。四物鸡汤具有补血调经的效果，可减缓女性痛经症状，对月经不调也有很好的疗效，但经期出血和脾胃虚弱者不宜饮用。

第三章
古典名著里的芍药花

第一节 《红楼梦》：醉眠芍药茵的史湘云

四大名著之一的《红楼梦》中，“湘云醉卧”“黛玉葬花”与“宝钗扑蝶”，堪称最美的三大场景。曹雪芹在第六十二回里所述的“憨湘云醉眠芍药茵”不仅记述了一场浪漫的美人醉卧事件，更绘出了一幅红楼版的“海棠春睡图”。芍药自是无愧于“娇憨”这一词的，《红楼梦》原文[①]（第六十二回）是这样描述的：

都走来看时，果见湘云卧于山石僻处一个石凳子上，业经香梦沉酣，四面芍药花飞了一身，满头、脸、衣襟上皆是红香散乱，手中的扇子在地下，也半被落花埋了，一群蜂蝶闹嚷嚷地围着他，又用鲛帕包了一包芍药花瓣枕着。众人看了，又是爱，又是笑，忙上来推唤挽扶。湘云口内犹作睡语说酒令，唧唧嘟嘟说：“泉香而酒洌，玉盏盛来琥珀光，直饮到梅梢月上，醉扶归，却为宜会亲友。”众人笑推他，说道：“快醒醒儿吃饭去，这潮凳上还睡出病来呢。”湘云慢启秋波，见了众人，低头看了一看自己，方知是醉了。原是来纳凉僻静的，不觉的因多罚了两杯酒，娇娜不胜，便睡着了……

刘旦宅《醉眠芍药茵》

① 曹雪芹：《红楼梦》，人民文学出版社，2019。

山石僻处，红香四散，蜂蝶闹嚷，芍花做枕，梦呓在耳，鼻息若闻，憨态可掬，醉是迷人。此情此景，不禁让人想起唐朝诗人卢纶的《春词》："北苑罗裙带，尘衢（qú）锦绣鞋。醉眠芳树下，半被落花埋。"在这样一幅美人醉卧图中，人美景美，和谐地融为一体，情境与画境兼胜。画中美人史湘云是作者曹雪芹怀着诗情画意，浓墨重彩塑造出来的一位具有中性美的女子形象，为金陵十二钗之一，排名第五。她开朗豪爽，纯真烂漫，娇憨脱俗，甚至敢于醉酒后在园子里的青石上睡大觉。那么为何大观园那么多女子中，偏是史湘云喝醉了睡卧在芍药茵里，而不是其他人呢？看似随笔，实则是作者曹雪芹埋下的重要伏笔，用心良苦值得说道。

首先是应景。湘云醉酒的原因是贾宝玉生日，性格活泼开朗的史湘云与众人高呼畅饮，是当之无愧的"气氛组"的担当，结果不胜酒力醉眠在了外头山石僻处的石凳上。而当时众人的饮酒之地便是"芍药栏"里，具体的地点为"芍药栏中红香辅三间小敞厅内"。因此湘云醉后在满是芍药的环境中睡去，便是顺理成章之事。

其次便是应事。《开元天宝遗事》载："学士许慎选，放旷不拘小节，多与亲友结宴于花圃中，未尝具帷幄设坐具，使童仆辈聚落花铺于坐下。"聚落花之地、以落花为褥，是旧时文人雅士所认为的极美、极雅、极趣之事。其实不仅是湘云，在《红楼梦》第六十三回中："宝玉只穿着大红棉纱小袄子，下面绿绫弹墨袷裤，散着裤脚，倚着一个各色玫瑰芍药花瓣装的玉色夹纱新枕头，和芳官两个先划拳。"可见湘云以芍药为枕，宝玉倚着玫瑰芍药枕划拳，都是借花以表明朝气蓬勃、风雅洒脱的性格与作派。

再次便是应情。芍药在《诗经》中便被当作爱情的象征和代表，而曹雪芹在此处选择芍药，应该是煞费苦心之笔。酣睡中落湘云满身的芍药花瓣，隐喻着湘云对亲情、友情，甚至爱情的渴慕和追求，同时也借此描绘出湘云至纯、至真、至美、多情的形象。

《红楼梦曲》一共十四首，其中属于湘云的曲子《乐中悲》写道："襁褓中，父母叹双亡。纵居那绮罗丛，谁知娇养？幸生来，英豪阔大宽宏量，从未将儿女私情略萦心上。好一似，霁月光风耀玉堂，厮配得才貌仙郎，博得个地久天长。准折得幼年时坎坷形状。终久是云散高唐，水涸湘江。这是尘寰中消长，数应当，何必枉悲伤！"这也是史湘云名字的由来。在《红楼梦》第五回中，关于史湘云的判词和曲子都与她的名字息息相关，判词里有"湘江水逝楚云飞"，曲子里有"云散高唐，水涸湘江"，其中所含的悲剧意味不辩自明。这两句其实都是用典，与先秦宋玉所著的《高唐赋》《神女赋》有关，两首皆写的是楚襄王梦遇神女的故事。文中神女自言"旦为行云，暮为行雨"，二人相会是在"云梦之台""云梦之浦"，从文化上的地理概念来说，云梦泽、巫山都在楚地，与湘江高度关联。两赋所写襄王和神女欢会虽然美妙但却短暂虚幻。"湘江"又是二位湘妃娥皇、女英殉情帝舜的地方，"湘云"之名命亦源起于襄王神女，而"神女生涯原是梦"，正如《红楼梦》第五回警幻仙子道："梦随云散，飞花逐水流。"飞花散尽，顺水逐流，云散后才发现一切皆如梦一场。"湘云醉眠芍药茵"的情节正是借湘云身边烂漫纷飞的红芍花瓣，暗示了她如梦一场的人生和结局。

再回到这场醉酒趣事之中，其最重要的氛围塑造担当芍药上。芍药自古就是爱情之花，是男女相爱的信物。曹雪芹在《红楼梦》中用"自古风流芍药花"来写大家闺秀史湘云，是非常大胆的笔法。《溱洧》一诗中描绘的那位少女，是在民风开放的郑国、在仲春之月的烂漫郊野里才可能出现的天真烂漫、清新纯朴的女性形象，而作为中国封建社会末期在深闺大院中长大的史湘云，却拥有宛如《诗经》中乡间少女的娇憨无邪，这不仅表达了作者对于遥远诗经时代的向往，更将心底里对打破世俗的渴望寄托于湘云的形象。然而在湘云醉酒后，芍药花瓣纷落了一地，漫天飞舞的红香，扑簌如雪落。她身边蜂蝶环绕，不由地让人想起来一个词——"招蜂引蝶"。这个词在很多时候，是具有贬义的。有学者认为

“醉眠芍药茵”这处伏笔，在一定程度上就是在暗示史湘云未来的命运：“流落在烟花巷”。但因《红楼梦》只残存前八十回，史湘云的结局一直是个谜。1987年版本的电视连续剧《红楼梦》对湘云结局的设定是她最后沦为官妓，成为躲在花船上委曲求全之人。当贾宝玉从狱神庙出来后，在江边遇到了落难的史湘云，二人见面抱头痛哭。既然十二钗都入了薄命司，那《红楼梦》原稿中湘云最后结局大概率也是凄惨的。在甄士隐注解的《好了歌》中有一句“择膏粱，谁承望流落在烟花巷！”《红楼梦》中的四大家族最终都没有躲过被抄家的命运，而流落入烟花巷。这正是古代被查抄的官宦人家的女眷，很悲凉但又很常见一种结局，恰似“醉眠芍药茵”中的芍药花落，如盛演之后的谢幕，归根大地，红断香消。

第二节
《西游记》：美丽的妖怪与华丽的仙宫

在光怪陆离的神话小说《西游记》中，芍药花也曾多次出现，它不只指代女子的美丽容貌，更多时候是作为一种背景图镶嵌在小说文本中，它的倩影遍布全书。

一、庭前芍药妖无格——美丽妖怪，娇柔女子

如果要问《西游记》中最有名的女妖是谁？估计大家都会答“白骨精”。那作者是怎么描述白骨精的美丽的呢？《西游记》第二十七回[①]写道：“那女子生得冰肌藏玉骨，衫领露酥胸。柳眉积翠黛，杏眼闪银星。月样容仪俏，天然性格清。体似燕藏柳，声如莺啭林。半放海棠笼晓日，才开芍药弄春晴。”

白骨精是如此的美丽，柳腰花态，秀色可餐，就像刚刚打开花瓣的芍药花，娇柔温婉，风情万种。芍药花大色艳、绰约多姿，用来指代娇柔妩媚的女性形象最为恰当。

① 吴承恩：《西游记》，人民文学出版社，2010。

在《西游记》第三十回和第九十五回，芍药花作为娇柔妩媚的宫女隐喻出现："宫娥悚惧，一似雨打芙蓉笼夜雨；彩女忙惊，就如风吹芍药舞春风。唬得那国王呆呆怔怔，后妃跌跌爬爬，宫娥彩女，无一个不东躲西藏，各顾性命。好便似：春风浩荡，秋风潇潇……刮折牡丹欹槛下，吹外芍药卧栏边……好花风雨一宵狂，无数残红铺地锦。"

这两个例子都描绘了妖怪在皇宫中兴风作浪，一众宫女惊慌失措、魂飞魄散的样子。倘若读者曾目睹过芍药花在大风中摧折横卧、东倒西歪的样子，那么一定能理解这里众宫女逃命的仓皇之态。芍药花雍容华贵，常常是御苑中富丽繁华的一景，唐朝诗人张九龄有诗云："仙禁生红药，微芳不自持。"因此用芍药花来形容宫娥彩女，不仅生动形象，就是在身份上也是贴切的。

二、寄伴阶庭芍药栽——仙宫妖境，皇家贵府

在长达一百回的《西游记》中，芍药花第一次出现在第二十四回《万寿大仙留故友　五庄观行者窃人参》中。

唐僧师徒四人一行来到五庄观，观主不在，童子送来人参果给唐僧吃。唐僧因觉得人参果的外表像婴孩而不敢吃，猪八戒贪馋便怂恿孙悟空去偷摘果子。孙悟空溜进观中后花园，看见其中是："朱栏宝槛，曲砌山峰。奇花与丽日争妍，翠竹共青天斗碧……荼蘼架，映着牡丹亭；木槿台，相连芍药圃……"

这花园在作者眼里实是"人间第一仙景，西方魁首花丛"。花园中有块芍药圃，说明在吴承恩写书的年代，已经有芍药圃这种应用形式，而且花圃中种植的是比较珍贵的花卉。在我国的古典园林中，芍药花因其绰约多姿而受人喜爱，广植于御苑贵府、风景名胜之处。清朝诗人宗元鼎描述过大片的芍药花丛盛开的壮观景象："圃中芍药盈千畦，三十余里何芳菲。"

《西游记》一书中，多次提到芍药花丛作为园林中不可缺少的一景，也常作为故事发生的背景图画，可见作者对芍药的喜爱与熟悉。

我们将《西游记》中提到的“芍药花丛”进行了统计，主要有以下两种类型：

1. 仙宫妖境

诗人韩愈在《芍药》一诗中写道：“觉来独对情惊恐，身在仙宫第几重。”中华文化中飘逸脱俗的仙风特质自古有之，而芍药花开温柔、体态轻盈的样子正有一种缥缈的仙气。《西游记》是一本神魔小说，将有仙韵的芍药花“种”在小说故事发生的背景中，是非常贴切的。

《西游记》全书中使用芍药花烘托缥缈隐约气质的地方，多为仙宫妖境，这类场合虽然气氛不同却都有着异常于现实的本质，如前文提到第二十四回中的美丽花园，属于镇元大仙的居处。

第八十回载：“你看那背阴之处千般景，向阳之所万丛花。又有那千年槐，万载桧，耐寒松，山桃果，野芍药，旱芙蓉，一攒攒密砌重堆，乱纷纷神仙难画。”在这一回里，唐僧在阴森深远的黑松林中被鼠精掳走。这里提到的野芍药或许是某种芍药属的野生种，野芍药多分布在林下空旷地带。这个场景中，大树参天，蓼草莛蔓，纷红骇绿的野芍药盛开着，若是阳光明亮时，便觉得清雅可爱，如果是荫蔽昏暗时，只觉得阴森恐怖。芍药花在这里正是烘托恐怖气氛的极好选择。

第八十二回载：“那妖精俏语低声叫道：‘妙人哥哥，这里耍耍，真可散心释闷。’唐僧与她携手相搀，同入园里，抬头观看，其实好个去处。但见那：……芍药栏，牡丹丛，朱朱紫紫斗秾华；夜合台，茉莉槛，岁岁年年生妩媚……”这里唐僧还未挣脱鼠精的魔爪，与孙悟空谋定将妖精骗到她自己的花园中再行计划。书中对鼠精洞府中花园的描述十分精彩，这花园中有芍药栏、牡丹丛、夜合台、茉莉槛，看不尽的奇葩异卉，数不完的曲径绮窗，真是像极了华丽缥渺的仙人居所。但现实中这些不同花期的花卉同时开放显得诡异，也在暗示这是妖境。

此处的芍药栏意象，在《西游记》的同时期明代戏剧《牡丹亭》中，有着男女两性传情达意的意象。可以说，鼠精中了唐僧的“美男计”，也正因她畅想着能与唐僧产生美好恩爱的感情，她的花园里才会出现象征爱情的芍药花。

2. 皇家贵府

宋朝虞汝明《古琴疏》中记载，夏朝君主帝相曾命人将芍药种在帝王后苑中，这或许是芍药应用在皇家园林中的最早记录。《西游记》中也有芍药宫苑栽培的体现。

如第三十八回《婴儿问母知邪正　金木参玄见假真》，乌鸡国国王被妖精所害，埋尸于御花园井中。悟空和八戒受太子所托，去御花园中寻其父真身，破门而入，悟空惊叹道："你看这：彩画雕栏狼狈，宝妆亭阁敧歪。莎汀蓼岸尽尘埋，芍药荼蘼俱败。茉莉玫瑰香暗，牡丹百合空开……"本该繁花似锦、异葩争芳的御花园如此破败，怎么不能使人惊惧？这御花园中的景色极不正常，本应香气浓烈的茉莉玫瑰却无香，四月盛开的牡丹与百合仍旧兀自开放，本该是花期最晚的荼蘼和芍药已经凋败。芍药花谢，落红扫地，只留下黯淡的果荚和光秃的茎秆，满目凄凉。凋败的芍药花在这里，以哀景衬哀情，让读者对遭遇不幸的乌鸡国国王产生深切的同情。

在第九十一回，唐僧师徒一行人挂单（汉传佛教中行脚僧投宿寺庙的说法）金平府的宝刹慈云寺，他们在慈云寺后院见到了一处美景，

皇家园林天坛公园中的芍药

皇家园林景山公园中的芍药

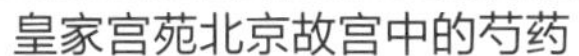
皇家宫苑北京故宫中的芍药

皇家宫苑沈阳故宫中的芍药

“果然好个去处。正是：……芍药花、牡丹花、紫薇花、含笑花，天机方醒；山茶花、红梅花、迎春花、瑞香花，艳质先开……”他们师徒四人游赏一日，到了晚上又去街上看灯，好不快乐。他们师徒四人西行取经，跋山涉水，逢妖遇魔，直到金平府前才安稳了一阵子，又遇到宝刹众僧的礼遇，恰逢元宵佳节，心中宽松愉快。这慈云寺中盛开的芍药花，也正是他们愉快心境的外在投射。

另外，还有第九十四回《四僧宴乐御花园　一怪空怀情欲喜》中写道：“将有巳时前后，那国王排架，请唐僧都到御花园内观看。好去处：……芍药异香，蜀葵争艳，白梨红杏斗芳菲，紫惠金萱争烂漫。丽春花、木笔花、杜鹃花，夭夭灼灼；含笑花、凤仙花、玉簪花，战战巍巍……更喜东风回暖日，满园娇媚逞光辉。”这一回讲天竺国国王降旨让唐僧做驸马，悟空让唐僧假意应承下来，再寻别法脱身。一日国王在御花园款待他们四人，这花园中芍药花开正盛，香气浓烈，与其他花卉一起组成一幅美丽图景，使观者心生喜悦，能够体会到国王招得良婿的喜悦心情。

在明清时期的皇家园林里，我们总能看到芍药的身影，它们不仅起着装点景观的作用，更寄托着帝王的美好愿景，因为芍药是“天界之花”，能与这样的“圣花”相伴，必然也会长寿和吉祥。

第三节 《水浒传》：柔美娇艳的女性符号

在我国的文学作品中，以鲜花比喻美人是一种重要的表达方式。其中芍药花姿绰约，与娇柔美丽的女子形象最为贴合。在我国四大古典文学名著之一的《水浒传》[①]中，也有以芍药花描摹的女子形象。《水浒传》是我国第一部以农民起义为主要题材的长篇小说，取材于北宋末年宋江起义的故事。书中人物众多，性格各异，其中女性人物占比较少，可总结出英雄女豪杰、恶毒妻子、受辱妇女、娼妓和三姑六婆这五种形象。《水浒传》中用芍药花比喻女性的例子，按照出场顺序分别在书中第八回、第三十八回与第八十八回。

一、林冲妻子：西苑芍药倚朱栏

《水浒传》第八回中讲，一日，林冲妻子被权臣高俅的干儿子高衙内调戏，林冲因救妻而被高俅设计陷害被发配沧州并险些丧命。林冲发配前写下休书，要使其妻子改嫁，不耽误她青春，亦使她远离衙内的陷害。

这是林冲出于好意的自作主张，但一纸休书在封建社会中却成为将一位贤妻的“人生价值”完全抹杀的残酷武器。当林娘子得知自己或被遗弃，她哭道：“丈夫！我不曾有半些儿点污，如何将我休了？”说罢，她心中哽咽，又见休书，一时哭晕在地。

---

① 施耐庵：《水浒传》，人民文学出版社，2004。

《水浒传》中这样描述林娘子的形象："荆山玉损，可惜数十年结发成亲；宝鉴花残，枉费九十日东君匹配。花容倒卧，犹如西苑芍药倚朱栏；檀口无言，一似南海观音来入定。小园昨夜春风恶，吹折江梅就地横。"

恩情似海的夫妻情分被一纸休书全然抹煞，承受不住沉重打击的林娘子失魂倒地，心肝俱碎，痛苦无边。芍药茎秆细弱，被劲风摧残后无力地伏卧栏杆，正是美好的事物遭受摧残的象征。正是因为芍药有着娇柔的特质，被文学家当作娇弱女性的化身，才能通过隐喻与比拟的笔法传达出其中的悲剧意味。

二、琵琶歌女：一枝芍药醉春风

宋朝是我国封建社会发展的鼎盛时期，其高度发达的商业文明和繁荣的市井生活推动了娼妓行业的发展。《水浒传》描述了一些优伶形象，她们作为底层人民的一部分，与其他市民一起构成了那个时代纷繁多样的社会图景。

书中第三十八回讲述了宋江与戴宗、李逵和张顺初次见面，"不打不相识"的故事。李逵与其他三人在琵琶亭饮酒，因一女子来卖唱打断了所谈事务，他便两指头向那女子额上一戳，那女子居然晕倒在地，昏迷不醒。

这位倒地的女子，在被李逵"指晕"过去之前，作者借宋江的视角向我们描述了她的容貌体态："冰肌玉骨，粉面酥胸。杏脸桃腮，酝酿出十分春色；柳眉星眼，妆点就一段精神。花月仪容，蕙兰情性。心地里百伶百俐，身材儿不短不长。声如莺啭乔林，体似燕穿新柳。正是：春睡海棠晞晓露，一枝芍药醉春风。"

茎秆细软的芍药在春风里摇曳生姿，像是醉了酒快要跌倒的人，芍药在这里正是体态柔美的女性的化身。透过宋江的眼，我们可以看出这位名叫宋玉莲的卖唱女儿，是位花容月貌、有芍药风韵的精致美人。

三、辽国公主：貌似春烟笼芍药

在书中还有一处运用芍药花比喻美人的例子，在第八十八回《颜统军阵列混天象 宋公明梦授玄女法》中，有这样一段话描述辽国政权的天寿公主——答里孛的形象："貌似春烟笼芍药，颜如秋水浸芙蓉。玉纤轻搦龙泉剑，到处交兵占上风。"

《水浒传》文笔巧妙，在此处并不浪费笔墨去细致描写天寿公主的相貌，而是借用芍药和芙蓉这两种花的形象简单勾勒，利用花文化的意象去暗示她是一位美貌的女将。春日雾气如烟，笼罩着芍药，艳丽朦胧，独具仙韵。辽国公主带兵坐阵，其出众的美貌不容忽视，但她身上英姿飒爽的气质更让人眼前一亮。烟笼芍药，是多么浪漫的比喻呀！不过，这里并不是作者原创，而是借用了宋朝王偁《窃见》一诗："半抹晓烟笼芍药，一泓秋水浸芙蓉。"该诗描述了夏天午后，一位熟睡女子的美态，被轻纱幔帐笼罩的女子，宛若烟雾中的芍药，若即若离，若隐若现，令人心驰神往。"烟笼芍药"，也成了一个特定的组合，在很多古代文学作品里，常用这个词来形容女性朦胧的美感。

'粉玉奴'　'莲台'　'巧玲'

'大富贵'　'朱砂判'　'桃花飞雪'

富有女性美感的中国芍药品种

第四节　《牡丹亭》：杜丽娘梦回芍药栏

明朝汤显祖的《牡丹亭》[1]是文学史及剧坛上一部思想性和艺术性俱佳的巨著。此剧描述了官宦之女杜丽娘一日在花园中睡着，与一名年轻书生在梦中相爱，醒后终日寻梦不得，郁郁而终；后经过一系列事件杜丽娘最终起死回生，二人终成眷属的故事。

书中杜丽娘每每在心意寥落间，回到闺房，情难自已，都会入梦。她梦回花园，梦到了素昧平生的书生柳梦梅，二人幽会于牡丹亭外、芍药栏前、柳下湖边、梅花树下，“行来春色三分雨，睡去巫山一片云”。通过这美丽的梦境，杜丽娘从片刻的欢娱中有了幸福的理想。杜丽娘梦境是花园，在这个梦境之中，牡丹、芍药、垂柳、青梅等自然景物亦带着春光或爱情的隐喻。牡丹在剧中象征着杜丽娘的青春和美貌；芍药则是早在先秦之时便象征了纯洁又热烈的爱情；柳有留春之意；梅子比喻青春的韶光，表现女子对爱情的渴求。汤显祖用这些富有春意的植物，

牡丹亭芍药栏

① 汤显祖：《牡丹亭》，人民文学出版社，2002。

与杜丽娘的梦境相融合、相映衬，物我相生，烘托出其梦境的美好，表现出杜丽娘炽热的爱情理想与大胆的欲望追求。而杜丽娘和柳梦梅在芍药栏边幽会的情节成为我国浪漫主义文学中具有代表性的篇章之一，使得芍药栏最终确立了“男女两性表情达意的主要场合”及“男女灵肉契合的独特环境”的独特地位。

芍药栏其实是一种芍药庭院栽培的方式，从众多古籍的记载中也不难看出，这也是芍药种植最早的园林应用形式之一。从字面意义上理解，芍药杆就是由芍药与栏杆相依共存、组合形成的实体景观。栏杆作为建筑物的一部分，与人们的生活是紧密相关的，对于自然状态下很容易遭受不利的自然条件或人为活动破坏的花木而言，栏杆可以起到划分种植区、为花木提供一定保护的作用。除此之外，栏杆又为人们提供了“凭栏”“倚栏”的观赏花木的便利条件，让园林中的花木避免了如野花“寂寞开无主”般的落寞境地。但并不是所有花木都能够得到倚栏而植的优待，栏杆也有着“自己”的选择。首先，花木必须有较高的观赏价值；其次，花木的植物学特性要与栏杆内的环境相协调，适宜地栽、高矮适当、形态宜柔和而不宜刚强、无刺、无刺激气味等。因此，在诸多花卉中，芍药完美符合这些要求。不仅如此，芍药还耐寒抗旱，耐粗放管理，与栏杆“人身之半”的高度相当，观赏价值极高的同时还有淡淡的清香。古人常以“立如芍药，坐如牡丹”来形容女子优雅的仪态，芍药的柔与栏杆的硬形成了刚柔并济的观赏效果，由此便不难理解在古代便将芍药与栏杆组成一种稳定的栽植搭配并流传至今了。

随着历史的不断推进和文化的不断发展，芍药栏也被无数文人墨客赋予了不同的意象。唐朝诗人钱起在《故王维右丞堂前芍药花开，凄然感怀》中写道：“芍药花开出旧栏，春衫掩泪再来看。主人不在花长在，更胜青松守岁寒。”钱起是生活在中唐的诗人，面临着藩镇割据、社会矛盾不断激化，经历着战乱不止、颠沛流离。此时，不止钱起，许多诗人都一变之前豪迈高昂的诗风为凄然沉重，此诗中芍药栏作为故人遗迹，寄托了诗人睹物思人、怀念友人之情，以一种伤怀、忆旧的形象出现。

唐朝诗人王建的《别药栏》写道："芍药丁香手里栽，临行一日绕千回。外人应怪难辞别，总是山中自取来。"此诗中所说栏中的芍药、丁香都是诗人王建从山中亲自摘取、栽植的，而今诗人要离家临别之际，每天都绕着芍药栏上千遍。外人似乎不解诗人为何如此钟情于此处，疑惑为何如此依依不舍。但只有诗人自己知道，这些山中的清幽之客，都是自己用心请来，精心培养，与自己共同生活的良伴。诗人王建又赋予了芍药栏一层温暖亲切的归家之感，是日常生活中不可或缺的部分。

到了宋朝，除了伤怀念旧和温暖、热爱生活之意，不同的诗人又赋予了芍药栏更多的意义。在陆游的《子聿欲暂归山阴见乃翁作恶遂不行赠以此诗》中有"一栏红药"的描写："钟鸣岂复夜行时，文字相娱赖此儿。欲去复留知汝孝，未言先泣叹吾衰。两篇易象能忘老，百亩山畬可免饥。但报家僮多酿酒，一栏红药是归期。"

子聿不仅是陆游的最幼子，也是他平日文字相娱的知己诗友。此诗中陆游因心情郁闷不能与儿同归，作诗劝慰，让他们先归，用"一栏红芍"指示归期。在此处，芍药栏又被诗人陆游赋予了深切思乡、天伦乐趣的诗意。

到了元明时期，杂剧、戏曲、小说等逐渐登上了文化大舞台，芍药栏的意象开始愈发成熟，被赋予了更多的含义，如高文秀所著的元朝戏曲《一枝花·咏惜花春起早》中梁州部分所描述的：

恰行过开烂漫梨花树底，早来到喷清香芍药栏边。海棠颜色堪人羡。桃红喷火，柳绿拖烟。蜂飞飐（zhǎn）飐，蝶舞翩翩。惊起些宿平沙对对红鸳，出新巢燕子喧喧。怕的是罩花丛玉露濛濛，愁的是透罗衣轻风剪剪，盼的是照纱窗红日淹淹。近前，怕远。蹴金莲懒把香尘践，忒坚心，忒心恋。休辜负美景良辰三月天，堪赏堪怜。

红鸾对对，燕语喃喃，少女们身着罗裙轻衣，金莲践尘，早早地来到芍药栏边，借着清晨的芍药喷散着的清香装扮自己。在这里芍药栏便是少女们爱情觉醒的地方。

第四章
古代诗人的芍药情结

"水陆草木之花，可爱者甚繁。"中国人对花的喜爱，自古有之，而有关花的诗词歌赋就像漫天繁星，点缀在波澜壮阔的千年历史中，形成了我国独特的花文化。中国花文化的核心在于赋予花朵以人的情怀和感知。历史上很多著名诗人，都对芍药花偏爱有加，留下的作品传诵至今。

第一节　白居易：醉对数丛红芍药

唐朝现实主义诗人白居易，除了拥有"诗魔"的别号，还是一个"花痴"。他爱花种花，并留下了许多关于花的诗歌。据统计，白居易一生创作了一千余首花卉相关的诗歌，其中咏花诗占据了近四分之一，他在对花卉的审美中寄寓对政治、社会的批评，也抒发人生感慨、友朋情谊，极大地拓展了咏花诗的意蕴。我们一起来欣赏白居易写的四首芍药诗：

草词毕，遇芍药初开，因咏小谢红药当阶翻诗，以为一句未尽其状，偶成十六韵[①]

罢草紫泥诏，起吟红药诗。

词头封送后，花口拆开时。

坐对钩帘久，行观步履迟。

两三丛烂熳，十二叶参差。

背日房微敛，当阶朵旋欹。

钗葶抽碧股，粉蕊扑黄丝。

动荡情无限，低斜力不支。

周回看未足，比谕语难为。

勾漏丹砂里，僬侥火焰旗。

彤云剩根蒂，绛帻欠缨緌。

况有晴风度，仍兼宿露垂。

① 彭定求：《全唐诗》，中华书局，1960。

疑香薰罨画，似泪著胭脂。
有意留连我，无言怨思谁。
应愁明日落，如恨隔年期。
菡萏泥连萼，玫瑰刺绕枝。
等量无胜者，唯眼与心知。

这首诗的题目有点长，但是信息量很大，交代了写诗的前因后果。白居易因刚写完“草词”（即刚为某种植物赋词），就看到芍药花开，一时兴起，脱口而出“小谢红药当阶翻诗”，但感觉还不尽兴，不足以抒发自己对芍药花开的欣喜之情，于是写下这首诗。“小谢红药”引用的典故是南朝诗人谢朓的“红药当阶翻”。

白居易把芍药当成一位女子来吟诵和描写。“两三丛烂熳，十二叶参差。背日房微敛，当阶朵旋欹。钗葶抽碧股，粉蕊扑黄丝。”这是对芍药整体植株形态的描写，“旋欹”一词写出了芍药枝条的纤细柔美，而到后面“动荡情无限，低斜力不支”则以一种对少女身姿的描写，将芍药之轻盈与少女之纤细充分地结合起来。“菡萏泥连萼，玫瑰刺绕枝。等量无

红芍药

胜者，唯眼与心知”。是诗人借与其他花的比较而烘托芍药，他认为荷花虽亭亭立于水中但茎上着泥，玫瑰虽美艳芬芳但枝上有刺，看来看去，自己的心中眼里还是觉得芍药最美。从芍药的美艳联想到风姿绰约的少女，再升华到“唯眼与心知”的神韵美，有形与无形之间的转化，在诗人笔下运用自如。

感芍药花，寄正一上人①

今日阶前红芍药，几花欲老几花新。
开时不解比色相，落后始知如幻身。
空门此去几多地？欲把残花问上人。

这首诗是白居易写给一位僧人的，因为看到阶前红艳的芍药，他不禁感叹这其中有多少将要凋谢，又有多少即将盛开。花开的时候只顾着争奇斗艳，殊不知一切都只是过眼幻象。白居易在诗中借芍药向高僧请教，如此贪恋红尘，争风吃醋，到底离悟道还有多久呢？他借美丽的芍药花表达情感，体会人生的短暂和虚幻，以极具禅意的文字，化解人生烦恼苦闷。进入仕途之前，白居易就与佛结缘，这首诗虽写于他登第之前，但其中对于幻空、色相等的认知已经颇有见识，可见其慧根。这首诗让芍药又多了几分禅意之美。

春尽日②

芳景销残暑气生，感时思事坐含情。
无人开口共谁语，有酒回头还自倾。
醉对数丛红芍药，渴尝一碗绿昌明。
春归似遣莺留语，好住园林三两声！

---

① 彭定求：《全唐诗》，中华书局，1960。
② 同上书。

这首《春尽日》的首联即点出了诗作所处季节：春日将尽，芳景销残。作者在春末夏初的日子里怀念春光，对美好生活充满向往的同时又对现状有些孤寂感伤。颈联写到诗人醉酒望着几株红芍药，渴望饮一杯昌明茶。芍药不愿争春，只希望在人人感慨春日易逝的时候，能够为这略带悲凉的气氛增添几分宽慰。到了尾联，诗人似乎也被芍药的生命力所感染，不再过多感伤，因为每次春光的流逝都是为了更好地回归。

经溱洧①

落日驻行骑，沉吟怀古情。

郑风变已尽，溱洧至今清。

不见士与女，亦无芍药名。

白居易特地经过了郑地的溱洧，前来找寻浪漫的芍药。可以看到他对《诗经》里描写的郑风相当欣赏。但是时间已经过去了一千多年，他所看到的溱洧河依然清澈，却没有看到古老盛大的场景，没有人再像一千多年前云集在水畔，也没有自由自在的男女，更没有象征爱情誓言的芍药花。

第二节　王禹偁：最古名花唯芍药

王禹偁是宋初诗坛的杰出代表，也是北宋政治改革和诗文革新的先驱。他为人性格刚直，多次因为直言相谏而遭到贬谪，在宦海沉浮、深陷谪地的孤苦生活里，王禹偁钟爱养护花卉以享受生活乐趣，并留下了许多脍炙人口的咏花诗。

其中三首《芍药诗》尤为出名，下面我们来依次赏析：

---

① 彭定求：《全唐诗》，中华书局，1960。

芍药诗其一①

牡丹落尽正凄凉，红药开时醉一场。

羽客暗传尸解术，仙家重爇返魂香。

蜂寻檀口论前事，露湿红英试晓妆。

曾忝掖垣真旧物，多情应认紫薇郎。

第一首诗首联写牡丹落尽后而芍药怒放，点出两种花花期的不同。尽管牡丹花落，但芍药继往开来，花开正艳。用牡丹衬写芍药之美的确精妙，姗姗来迟的芍药，在人们感伤牡丹花落的时候，盛开于花丛，让人不觉感叹：大自然物换星移，却永远生机盎然，晚春也因为有芍药的点缀而不减盛春之景。

颔联中，“羽客”是道士的别称。“尸解”是道家语，意思是人留下躯壳而羽化升天。“返魂香”在古籍中有奇香的意思。根据《述异记》记载：“聚窟洲有返魂树，伐其根心，于玉釜中煮，取汁又熬之，令可丸，名曰反生香。死尸在地，闻气则活。”此处可理解为诗人将牡丹比喻为道士和仙家，说芍药是牡丹“尸解”“返魂”而成，衬托芍药能够与牡丹比美，返魂奇香青出于蓝胜于蓝，唤起读者对芍药的偏爱。结合历史背景以另一种角度来理解，诗人也可能是在描述国家动乱。战场尸横遍野。作者借对芍药的描写期待牺牲的战士们能“尸解”“返魂”。诗人表达自己对战争的厌恶和对战士们的同情。

颈联中“檀口”指美人的口，因檀木心材为浅绛色，美人唇色与之相似，这里指红芍药。“论前事”指谈论采花蜜之事。“红英”指红花。描写芍药之美深受人们喜爱，映射百姓遭受苦难而统治者还在享乐，表达对统治者的讽刺。

尾联中“紫薇郎”指唐朝官职名，开元元年（713年），改中书省为紫薇省，故称中书侍郎为紫薇郎。诗人追忆宫中往事，表达出其渴望报效祖国、实现抱负的壮志。

---

① 唐圭璋：《全宋词》，中华书局，1999。

芍药诗其二[①]

东君留意占残春，得得迟开亦有因。
曾与掖垣留故事，又来淮海伴词臣。
日烧红艳排千朵，风递清香满四邻。
更爱绿头弄金缕，异时相对掌丝纶。

第二首诗中，诗人提及了一段关于芍药的传说，相传唐明皇曾任命老翁宋单父在沉香亭种植芍药，并且命令他在牡丹花期过后让芍药接着开放，从而使得沉香亭花开不绝。

老翁常年在烈日和寒冬之中，费尽心血耕耘花园。可有一年偏偏因为气候原因，牡丹开过，芍药花蕾却没有萌发。眼看皇上要加罪老翁，心地善良的芍药花仙们商量要报答老翁培育的恩情。于是第二天清晨，沉香亭芍药忽然怒放，每一枝头并蒂两朵，在朝阳下深红似海。明皇贵妃都来观赏。正午，芍药突然变成碧色。待到日薄西山，芍药花瓣又显现出黄色。明月升起，花儿又变成粉白色。随着色泽的变化，芍药香气时而淡雅，时而浓郁。这一传说无疑让芍药之美又多了几分善良和神秘。

并蒂芍药花

① 唐圭璋：《全宋词》，中华书局，1999。

芍药诗其三[①]

满院匀开似赤城，帝乡齐点上元灯。

感伤纶阁多情客，珍重维扬好事僧。

酌处酒杯深蘸甲，折来花朵细含棱。

老郎为郡辜朝寄，除却吟诗百不能。

第三首诗则多了几分美景哀情的落寞，芍药花开满院像是红墙宫城，娇艳得像上元节的花灯。中书省重臣为它多情感伤；扬州热心的僧人十分珍重它；诗人把酒杯斟满要喝酒喝到尽兴，折下一枝枝条纤细的芍药在手中欣赏。而自己不禁感叹年老为官，接受朝廷的委托，除了吟诗作赋其他无一擅长。

这三首诗除了对芍药之美极尽描写，还有诗人对于国家的感怀。由此可知，雍容富丽的芍药，也是一种皇家尊贵的象征，与家国命运紧紧相连。

第三节　邵雍：铅华不待学梅妆

邵雍，字尧夫，北宋著名理学家、诗人，也是受人尊重的隐者、贤者。他学识渊博，对宋朝理学、文学都有很大影响。他的作品中常常出现理学家的观物情怀。同时，他也是一个“花痴”，隐居洛阳天津桥下牡丹花畔的安乐窝中三十余年，每当花开就驾车游赏洛城大小花园，提出了“花妙在精神”的观赏理念，认为徘徊花下也是“且为太平装景致”。他酷爱花前饮酒，借一份微醺看花，更显灵动，“酒向花前饮，花宜醉后看。花前不饮酒，终负一年欢。”

① 唐圭璋：《全宋词》，中华书局，1999。

花不能言意已知

芍药四首[①]

（一）

阿姨天上舞霓裳，姊妹庭前剪雪霜。

要与牡丹为近侍，铅华不待学梅妆。

（二）

含露仙姿近玉堂，翻堦美态醉红妆。

对花未免须酣舞，到底昌黎是楚狂。

（三）

一声啼鴂画楼东，魏紫姚黄扫地空。

多谢化工怜寂寞，尚留芍药殿春风。

（四）

花不能言意已知，今君慵饮更无疑。

但知白酒留佳客，直待琼丹覆玉彝。

① 唐圭璋：《全宋词》，中华书局，1999。

第一首诗中，诗人将芍药与其他花卉对比，展现出芍药的独特之处。“阿姨”是指牡丹，牡丹贵为花王，所以高高在上，仿佛在天上起舞；“姊妹”是指梅花，梅花开放在霜雪天里。诗人希望芍药能够像牡丹一样受到重视和赏识，不需要借鉴梅花的妆容来吸引人们的眼球。

第二首诗，诗人感叹种在玉堂前的含露芍药如仙子一般，美得令人陶醉。诗人情不自禁想要与之共舞，就像当年的韩愈一样对芍药花万分仰慕。

第三首诗最为有名，诗人以花鸟景物的对比，展现了春末的景象，牡丹凋败“扫地空”，但芍药花开正当时，要感谢造物主的悲悯，留下芍药让我们大饱眼福。芍药也因为这首诗，拥有了“殿春风”的美名。

第四首诗，以花喻人，以花喻酒，以花喻美好时光。诗人用芍药花和美酒的意象，表达了对朋友的理解，抒发了对人情世故的感悟。

第四节　苏轼：芍药供佛白盘盂

苏轼，字子瞻、和仲，号铁冠道人、东坡居士，是北宋时期的文学家、书画家、美食家。民间将苏轼列为十二月令花神中的“五月芍药”花神，他和芍药颇有渊源。

苏轼在《东坡志林》中赞“扬州芍药为天下之冠”，他还写了不少关于芍药的诗，芍药花在苏轼笔下有着独特的风姿。

玉盘盂二首（并叙）[①]

东武旧俗，每岁四月大会于南禅、资福两寺，以芍药供佛。而今岁最盛，凡七千余朵，皆重跗累萼，繁丽丰硕。中有白花正圆如覆盂，其下十余叶稍大，承之如盘，姿格绝异，独出于七千朵之上，云得之于城北苏氏园中，周宰相莒公之别业也，而其名俚甚，乃为易之。

---

① 唐圭璋：《全宋词》，中华书局，1999。

杂花狼藉占春余，芍药开时扫地无。
两寺妆成宝缨络，一枝争看玉盘盂。
佳名会作新翻曲，绝品难逢旧画图。
以此定知年谷熟，姑山亲见雪肌肤。
花不能言意可知，令君痛饮更无疑。
但持白酒劝嘉客，直待琼舟覆玉彝。
负郭相君初择地，看羊属国首吟诗。
吾家岂与花相厚，更问残芳有几枝。

苏轼写道：东武（现山东密州）有个旧俗，每年四月在南禅寺和资福寺举办供佛大会，并将芍药花供奉在佛前。今年的大会最为热闹，七千多朵花重重堆叠，繁盛美丽而又丰硕。其中有一种圆如覆盂的白花品种，花下方的十多片叶片稍大，像托盘一样托举着花朵，姿态风格堪称绝品，在七千多朵花中独秀，听说是从城北苏家的园子里得来的，那是前周宰相苏禹珪的别业。但这花的名字太过通俗，于是就改了个名字。

芍药常用在佛前供奉，苏轼见佛寺前的白芍药花圆如覆盂，便称其为“玉盘盂”。它犹如仙女，娉婷轻盈，冰肌玉骨，圣洁无瑕。

一枝争看玉盘盂

跋王进叔所藏画五首·题赵昌四季芍药[1]

倚竹佳人翠袖长，天寒犹著薄罗裳。

扬州近日红千叶，自是风流时世妆。

这是苏轼为好友王进叔的藏画的题诗，此诗所咏的是赵昌笔下的芍药。画中的芍药倚靠着竹林生长，花容绰约好似佳人，翠绿的叶片如同佳人的长袖，芍药在画家精巧的笔法下，好像穿上了一层薄薄的罗裙，楚楚动人。苏轼通过此诗称赞了赵昌画中芍药的婀娜娉婷，同时联想到扬州红芍药盛开的美景，两相对比写出了不同风姿的芍药之美，也表现他对芍药花的喜爱。

浣溪沙·芍药樱桃两斗新[2]

芍药樱桃两斗新。名园高会送芳辰。洛阳初夏广陵春。

红玉半开菩萨面，丹砂浓点柳枝唇。尊前还有个中人。

芍药盛放，樱桃新结了果实，园中举办的花会送来了芬芳，此时洛阳是初夏而广陵还处于春天。半开的芍药如同红色宝石，有着菩萨一般美丽的容貌，新熟的樱桃鲜艳得犹如女子丰润的嘴唇上点的浓浓丹砂。在这缤纷艳丽的花丛中，正坐着一位如花似玉的美人。

苏轼写这首词的时候，正于扬州任职，他亲眼看到扬州春日的花事盛况，写下了这首赏花词。全词描绘出了扬州花会的热闹气氛，芍药在他笔下更是鲜活动人。

和子由四首·送春[3]

梦里青春可得追？欲将诗句绊余晖。

---

① 唐圭璋：《全宋词》，中华书局，1999。
② 同上书。
③ 同上书。

酒阑病客惟思睡，蜜熟黄蜂亦懒飞。
芍药樱桃俱扫地，鬓丝禅榻两忘机。
凭君借取法界观，一洗人间万事非。

梦中逝去的春光还能追回来吗？苏轼想用作诗吟句来留住傍晚余晖。饮酒后只想去睡觉，此时花蜜已经熟了，但黄蜂却懒得去采。芍药花和樱桃花都已凋谢了，诗人已心无得失，过着清静的生活。想借《法界观》这本书，借用其中的道理洗却人间一切烦恼。

诗人希望留住时光却无可奈何，通过描写芍药花、樱桃的凋落，将伤春惜时之情抒发到极致，同时表达了苏轼无法施展抱负的心灰意冷，希望能够通过参悟禅理来排解心中苦闷。

送笋芍药与公择二首·其一[①]

今日忽不乐，折尽园中花。
园中亦何有，芍药袅残葩。
久旱复遭雨，纷披乱泥沙。
不折亦安用，折去还可嗟。
弃掷亮未能，送与谪仙家。
还将一枝春，插向两髫丫。

诗人心情不佳时到园中折花，不忍看到雨后芍药残花落地，于是折了芍药花送给友人李公择，也借花木枯荣的景色表达送别友人的不舍之情。不仅如此，他还在自己发髻间簪了朵芍药花，这也体现了宋朝男子簪花的习俗。

① 唐圭璋：《全宋词》，中华书局，1999。

第五节　秦观：有情芍药含春泪

秦观，字少游，一字太虚，号淮海居士，别号邗沟居士，是北宋婉约派词人。苏轼赞他“有屈（原）、宋（玉）之才”。他敏感的个性气质和爱惜芳华的性格，使他对春色特别偏爱，在《春日五首·其二》中，有描写芍药的佳句：

春日五首·其二[①]

一夕轻雷落万丝，霁光浮瓦碧参差。

有情芍药含春泪，无力蔷薇卧晓枝。

一声春雷过后，天空落下绵绵细雨，天晴后的阳光投射在苍翠的碧瓦上。经历春雨的芍药花上饱含雨露，仿佛含泪的少女情意脉脉，蔷薇花无力低垂，静卧枝蔓，千娇百媚。

秦观的这首诗赋予了芍药多情的气质，体物入微，诗中有画，写出了不一般的芍药花。他笔下的芍药纤柔羞涩，犹如多情的少女，泪光闪闪，含情脉脉，这样的描写突出了芍药的娇艳美丽，令人心生怜爱。同

有情芍药含春泪

① 唐圭璋：《全宋词》，中华书局，1999。

时借景抒情，他当时也如这芍药和蔷薇一样多愁善感，表达了仕途艰难的苦闷感。

这首诗在后世引起过一些争论：诗人元好问认为这首诗的风格过于纤弱；敖陶孙也说其儿女情多、风云气少；袁枚则说芍药、蔷薇这类植物的意象本就偏向女性风格，况且每首诗都有自己的境界，不应该千篇一律。秦观最终得到了大家公允的评价，芍药的女性意象也被大众认可。

第六节　杨万里：冰骨雪肌各自妍

杨万里，南宋“中兴四大诗人”之一，他学问渊博，才思敏捷，善于以随手拈来的方式从生活中撷取一些小情趣入诗，以白描手法写诗，诗风清新自然、活泼风趣，他也被称为“百花诗人”。杨万里对山水景物有着特别的喜爱，尤其是对自然花卉，在其4200多首诗、15首词以及16篇赋中，直接以花卉为题的有400余首。这些作品涉及花卉品种上百种，题材上或描花形，或传花神，或抒情，或言志，在他的眼中，花是有情有义的“人”，是有情感和灵性的。

多稼亭前两槛芍药，红白对开二百朵[①]

红红白白定谁先？袅袅婷婷各自妍。

最是倚栏娇分外，却缘经雨意醒然。

晚春早夏浑无伴，暖艳暗香正可怜。

好为花王作花相，不应只遣侍甘泉。

杨万里宅中的堂前栽种了两栏芍药花，红白相对开放，各自娇艳美丽、娉婷袅娜。诗人赞美芍药的娇美姿态，赞美它的颜色和清香，并且为芍药打抱不平，认为它不应该只作为“花相”，表达对庭中芍药的喜爱之情。

---

① 唐圭璋：《全宋词》，中华书局，1999。

玉盘盂[1]

旁招近侍自江都，两岁何曾见国姝。
看尽满栏红芍药，只消一朵玉盘盂。
水精淡白非真色，珠璧空明得似无。
欲比此花无可比，且云冰骨雪肌肤。

宅院中的芍药是从江都引过来的，两年都未曾见到这样美丽的花了。满院都是红芍药，只有一朵是玉盘盂。水晶玲珑剔透没有真切的颜色，珠玉颜色通透无比，不知道用什么可以比喻这朵花，就暂且还是用绰约轻盈的娉婷仙姿和冰骨玉肌的姿容来作比吧。

杨万里宅院中的‘玉盘盂’深得他的喜爱，他赞美‘玉盘盂’的高洁绰约，甚至不知道如何来形容它，最后以冰肌玉骨这样的词语来形容芍药，给芍药增加了不少仙气，也体现了芍药是“女性之花”。

且云冰骨雪肌肤

① 唐圭璋：《全宋词》，中华书局，1999。

第七节 乾隆皇帝：何事花王让牡丹

清高宗爱新觉罗·弘历，清朝第六位皇帝，年号乾隆，寓意天道昌隆。乾隆皇帝非常喜爱花草树木，乾清宫以西的建福宫花园和宁寿宫区的宁寿宫花园（俗称乾隆花园）就是奉乾隆皇帝敕修的。乾隆皇帝甚至亲自指挥了宁寿宫花园的修建，对整个工程高度重视，亲临视察，曾留下“斋居有暇夏方长，步辇看工亦趁凉”的诗句。他不仅在花园里命工人植四时花木，器物、房间也多有花草装饰。关于乾隆皇帝和芍药的故事，他曾写出“何事花王让牡丹”一诗作，可见他对芍药的喜爱程度是非常之高的。

题钱维城四季花卉册·其十·芍药[①]

祇以冶容称婥约，不妨没骨倚阑干。

身名早入风人咏，何事花王让牡丹。

乾隆在这首诗里首先描绘了芍药的纤弱娇嫩，风姿绰约的芍药宛如柔美的少女，需要倚扶在栏杆之上悄然绽放。而这也是芍药的特性之一：即它茎秆缺乏直立性，反而成就了它更柔软娇媚的一面。同时，明明芍药更早就被文人骚客所称赞吟咏，为什么却把花王之位给了牡丹呢？乾隆在这里也算是为芍药打抱不平，认为芍药的地位是不逊色于牡丹的。

筱园咏芍药[②]

筱园远为趣，药径瑞兼称。

未免犹时态，偶来因兴乘。

饯春风度逸，迎夏露光凝。

得句还前进，平山约我曾。

---

① 王小舒：《中国诗歌通史（清代卷）》，人民文学出版社，2012。
② 同上书。

这首诗写作于春风夏露交汇之际，而每年的春末夏初，也正是芍药盛开的季节。此时筱园芍药已经盛开大半，乾隆欣赏美丽的芍药，饮酒送别春光，因沉醉于美丽的芍药园中便作诗一首。

题邹一桂花卉十二幅·其三·芍药[①]

繁红艳紫殿春馀，第一扬州种色殊。

逞尽风流还自恨，被人强唤是花奴。

在每年春季的末尾，繁花似锦的芍药唯有扬州开得最好。乾隆在称赞扬州芍药之美的同时，也因为对芍药的喜爱而调侃起扬州：都已经享受如此美艳的芍药花了，还恨世人称自己为花奴。由此可见，乾隆对芍药评价之高以及对芍药的喜爱。

繁红艳紫殿春馀

① 王小舒：《中国诗歌通史（清代卷）》，人民文学出版社，2012。

题董诰花卉册·其一·芍药[①]

鼠姑已是饯芳春，翻影当阶重写真。

顿置漫嫌称作婢，占先却见咏风人。

“鼠姑”在这里是牡丹的别名。每年春末夏初的庭院台阶旁，牡丹已经开败，柔弱无骨的芍药翻阶盛开，再现花王风采。芍药有时被人们轻漫对待，视作婢女，殊不知它早在《诗经》时期，就享有盛名，被广泛歌咏了。

见芍药戏作[②]

从来花事盛吴趋，春冷偏迟绽鼠姑。

今日风沙齐道侧，乱头袛见魏家奴。

乱头袛见魏家奴

① 王小舒：《中国诗歌通史（清代卷）》，人民文学出版社，2012。
② 同上书。

春季百花盛开，游春赏花等美事还是在吴地更为流行，早春的寒风迟迟不肯离去，唯有等到略迟一点的殿春，芍药才开始绽放。乾隆此次前来欣赏芍药，偏偏遇到了风沙天，花头被大风吹向一侧，仿佛是在向花朵施礼跪拜。诗意颇为“调皮”，正如其诗名为“戏作”。

第八节 其 他

除了上述诗词名家之外，喜爱芍药并为之赋诗吟咏的古人大有人在。下面按朝代列举一些名篇，供读者欣赏。

一、两晋南北朝芍药诗

芍药花颂[①]

晋·辛萧

晔晔芍药，植此前庭。

晨润甘露，昼晞阳灵。

曾不逾时，荏苒繁茂。

绿叶青葱，应期秀吐。

缃蕊攒挺，素华菲敷。

光譬朝日，色艳芙蕖。

媛人是采，以厕金翠。

发彼妖容，增此婉媚。

惟昔风人，抗兹荣华。

聊用兴思，染翰作歌。

辛萧是傅统（晋代官散骑常侍）的妻子，她是当时有名的才女。这首《芍药花颂》将芍药描绘得娇艳多姿，赞扬芍药繁茂的姿态、艳丽的色彩，同时也借花抒情，表达了自己的思念之情。

---

① 钱志熙：《中国诗歌通史（魏晋南北朝隋代卷）》，人民文学出版社，2012。

晔晔芍药，植此前庭

直中书省诗[1]

南北朝·谢朓

紫殿肃阴阴。彤庭赫弘敞。风动万年枝。日华承露掌。

玲珑结绮钱。深沈映朱网。红药当阶翻。苍苔依砌上。

兹言翔风池。鸣佩多清响。信美非吾室。中园思偃仰。

册情以郁陶。春物方骀荡。安得凌风翰。聊恣山泉赏。

这首诗是谢朓任中书郎时所写，当时的他虽然身在朝廷，但心怀临泉，希望能够放情山水。“红药当阶翻，苍苔依砌上”描绘出了殿宇之外芍药的绚烂，渲染了浓郁的春日气息，体现宫殿景色的华美，将芍药的物态之美发挥至极致。这句诗在后世常被引用。

二、唐朝芍药诗

芍药[2]

唐·韩愈

浩态狂香昔未逢，红灯烁烁绿盘笼。

觉来独对情惊恐，身在仙宫第几重。

① 钱志熙：《中国诗歌通史（魏晋南北朝隋代卷）》，人民文学出版社，2012。
② 彭定求：《全唐诗》，中华书局，1960。

世人皆将牡丹和芍药作比，韩愈则喜欢芍药胜于牡丹，他毫不吝啬自己的夸赞。整首诗将芍药的姿、色、香描绘得生动形象，以拟物和夸张的手法呈现出一幅红色芍药盛开的美景图。末尾两句更是表现了芍药的非同寻常，走在芍药花丛中，仿佛置身仙宫，遍地锦绣，这两句既是对芍药的感叹与赞美，也是对自己身处官场的真实写照。

芍药歌[①]

唐·韩愈

丈人庭中开好花，更无凡木争春华。

翠茎红蕊天力与，此恩不属黄钟家。

温馨熟美鲜香起，似笑无言习君子。

霜刀翦汝天女劳，何事低头学桃李。

娇痴婢子无灵性，竞挽春衫来此并。

欲将双颊一睎红，绿窗磨遍青铜镜。

一尊春酒甘若饴，丈人此乐无人知。

花前醉倒歌者谁，楚狂小子韩退之。

翠茎红蕊天力与，此恩不属黄钟家

① 彭定求：《全唐诗》，中华书局，1960。

这首诗借花咏志，描写芍药天生茂盛美丽、芳香动人，不与百花同开，通过歌咏芍药不与世俗争俏的品质，表现出诗人不惧世俗眼光、豪放不羁、特立独行的狂放姿态，以芍药之美寄托了自己的高洁品性。

芍药[1]

唐・王贞白

芍药承春宠，何曾羡牡丹。麦秋能几日，谷雨只微寒。

妒态风频起，娇妆露欲残。芙蓉浣纱伴，长恨隔波澜。

诗人首句就将芍药和牡丹作比，表明芍药受到春天的宠爱。他写芍药，没有从正面描写它的娇美艳丽，而是从个人感受出发，表明芍药并不逊色于牡丹。因为嫉妒芍药，风频频吹起，夜露羡慕芍药娇美的面容，也想把她的妆容弄乱，表现了惜花伤春的哀怨和春归的愁闷。这首诗以牡丹来衬芍药，写芍药艳压牡丹、独承春宠，对芍药评价极高。

芍药[2]

唐・张泌

香清粉澹怨残春，蝶翅蜂须恋蕊尘。

间倚晚风生怅望，静留迟日学因循。

休将薜荔为青琐，好与玫瑰作近邻。

零落若教随暮雨，又应愁杀别离人。

这首诗是一首低调的惜别叹惋诗，将芍药作为离别之花，感叹春日不在，诉尽离别之苦。暮春的芍药让离别的感情更加怆然，诗人也眷恋明丽的春日，伤春惜花之情油然而起。若花凋谢的时候伴着一阵阵春雨，离愁别绪愈加涌上心头。

---

① 彭定求：《全唐诗》，中华书局，1960。
② 同上书。

叶已尽余翠，花才半展红

芍药[1]

唐·潘咸

闲来竹亭赏，赏极蕊珠宫。

叶已尽余翠，花才半展红。

媚欺桃李色，香夺绮罗风。

每到春残日，芳华处处同。

诗人竹亭观赏芍药，恍然到了天上仙宫。芍药的叶子已经全部翠绿了，花朵才绽开一半。娇媚的颜色赛过了桃李，花香更是胜过女子身上的脂粉香味。每到暮春时，百花凋谢，而芍药盛开的美景处处都是。潘咸对芍药的叶、花、色、香进行了描写，描绘芍药半开的动人模样，通过与其他事物进行对比表现了诗人对芍药的喜爱。

红芍药[2]

唐·元稹

芍药绽红绡，巴篱织青琐。繁丝蹙金蕊，高焰当炉火。

---

① 彭定求：《全唐诗》，中华书局，1960。
② 同上书。

翦刻形云片，开张赤霞裹。烟轻琉璃叶，风亚珊瑚朵。
受露色低迷，向人娇婀娜。酡颜醉后泣，小女妆成坐。
艳艳锦不如，夭夭桃未可。晴霞畏欲散，晚日愁将堕。
结植本为谁，赏心期在我。采之谅多思，幽赠何由果。

本诗笔触细腻，主要以白描的手法来赞咏芍药。将芍药比喻为“红绡”“青琐”“繁丝”“炉火”等，极致描写了芍药的盛开之美。花朵像珊瑚摇曳水中，又似少女醉后哭泣，比锦缎更鲜艳，比桃花更绚丽，写出了芍药绽放时的生机勃勃和活泼灵动，诗人爱芍药花，又害怕它凋零，爱意与惆怅交织。

忆杨十二③

唐・元稹

去时芍药才堪赠，看却残花已度春。
只为情深偏怆别，等闲相见莫相亲。

诗人以盛开的芍药赠予友人，表达将要离别的依依不舍之情，现在芍药花已经凋零，与友人已经别离许久了。这首诗借春天逝去、芍药凋谢表达了对友人的思念，充分表现芍药的离情意蕴。

苏侍郎紫薇庭各赋一物得芍药④

唐・张九龄

仙禁生红药，微芳不自持。幸因清切地，还遇艳阳时。
名见桐君箓，香闻郑国诗。孤根若可用，非直爱华滋。

③ 彭定求：《全唐诗》，中华书局，1960。
④ 同上书。

红芍药生长在了天庭中，散发芳香却不自傲。有幸的是这个地方倒还适合芍药生长，并且遇上了艳阳天。《桐君箓》里曾经记载过芍药的药用价值，《诗经·郑风》中曾称赞过芍药的芬芳。芍药的根可入药，而不像其他花卉徒有美丽的外表。

戏题阶前芍药[1]

唐·柳宗元

凡卉与时谢，妍华丽兹晨。

欹红醉浓露，窈窕留馀春。

孤赏白日暮，暄风动摇频。

夜窗蔼芳气，幽卧知相亲。

愿致溱洧赠，悠悠南国人。

题目中的“阶前芍药”源于谢朓的“红药当阶翻”。首句诗将芍药与其他花卉相对比，当花草都凋谢时，芍药正怒放，突出了芍药的与众不

欹红醉浓露

① 彭定求：《全唐诗》，中华书局，1960。

同，以拟人的手法体现芍药的红艳如醉、风姿窈窕，“醉”和“留”两字极富情趣。整首诗既写赏花，又以花喻人，在仕途艰难、不得志的情况下，诗人也如同芍药一样只能孤芳自赏。

看花[①]

唐·孟郊

家家有芍药，不妨至温柔。温柔一同女，红笑笑不休。
月娥双双下，楚艳枝枝浮。洞里逢仙人，绰约青宵游。
芍药谁为婿，人人不敢来。唯应待诗老，日日殷勤开。
玉立无气力，春凝且裴徊。将何谢青春，痛饮一百杯。
芍药吹欲尽，无奈晓风何。余花欲谁待，唯待谏郎过。
谏郎不事俗，黄金买高歌。高歌夜更清，花意晚更多。
饮之不见底，醉倒深红波。红波荡谏心，谏心终无它。
独游终难醉，挈榼徒经过。问花不解语，劝得酒无多。
三年此村落，春色入心悲。料得一孀妇，经时独泪垂。

孟郊发现了芍药另一个角度的美，他用“温柔”来形容芍药，把芍药看作面带笑容的女子，又以“绰约”写出了芍药缥渺脱俗的气质。诗人与芍药惺惺相惜，他为芍药写诗，芍药为他日日开放。当春日将逝，芍药也无可奈何地凋零了，剩下的残花只等着诗人前去欣赏。诗人醉酒后倒在芍药丛中，思念着爱人与亲人，诗人通过芍药表达了伤春之情与离别之苦。

官舍迎内子有庭花开[②]

唐·卢储

芍药斩新栽，当庭数朵开。
东风与拘束，留待细君来。

---

① 彭定求：《全唐诗》，中华书局，1960。
② 同上书。

东风与拘束，留待细君来

卢储是唐宪宗元和十五年（820年）庚子科的状元郎，他这首诗寥寥几句写出对妻子的饱满爱意，虽然庭中芍药明媚、景色优美，但他更希望等着妻子到来后一同欣赏。这首诗呼应了芍药作为“爱情”的意象，情感细腻真切。

三、宋朝芍药诗

芍药[①]

宋·姚孝锡

绿萼披风瘦，红苞浥露肥。

只愁春梦断，化作彩云飞。

芍药的绿色花萼随着春风逐渐变得清瘦，红色的花苞沾了湿润的露水更加茂盛。只是哀愁春日离去后，花瓣便要飘落，如同天上一片片纷飞的彩色云朵。首句中红绿颜色相对、风露相对、瘦肥相对，描绘了芍药生长过程中萼片和花的变化。后两句又将花瓣凋零的景象写得美丽动人，突出了诗人对芍药的爱恋。

---

① 唐圭璋：《全宋词》，中华书局，1999。

只愁春梦断，化作彩云飞

咏芍药[1]

宋·谢尧仁

花蓓大如拳，花面或径尺。紫者栖紫鸾，黄者浴黄鹄。
或似扶桑枝，推上一轮赤。或似玻璃盆，稍久擎无力。
又有似平叔，爱矜素粉白。又有似蜀人，喜染天水碧。
或似包绿锦，未放丹砂折。或似浴青囊，未放沉麝发。
应须和露剪，莫使见日色。广陵精神全，免笑花无骨。

诗人对芍药的花形、花色进行了直观的描写，以新奇的比喻来形容不同姿态、不同色彩的芍药，有静态也有动态，令人耳目一新。芍药也被称作“没骨花”，但诗人笔下的芍药形神俱全，姿态万千，生机盎然，自强不息。

芍药[2]

宋·施枢

天女霜刀剪亦难，露红烟紫碧阑干。

① 唐圭璋：《全宋词》，中华书局，1999。
② 同上书。

步摇衣袂飘霞佩，钿合钗梁间宝冠。
枝上任他无力笑，灯前还作有情看。
采根亦可舒民病，始信无经载牡丹。

这首诗夸赞了芍药的自然美，它盛开时花团锦簇，花姿摇曳，芍药的根还具有药用价值。同时赋予了芍药“有情”的气质，对芍药极尽赞美。

望海潮·扬州芍药会作①

宋·晁补之

人间花老，天涯春去，扬州别是风光。红药万株，佳名千种，天然浩态狂香。尊贵御衣黄。未便教西洛，独占花王。困倚东风，汉宫谁敢斗新妆。

年年高会维阳。看家夸绝艳，人诧奇芳。结蕊当屏，联葩就幄，红遮绿绕华堂。花百映交相。更秉菅观洧，幽意难忘。罢酒风亭，梦魂惊恐在仙乡。

尊贵御衣黄

① 唐圭璋：《全宋词》，中华书局，1999。

扬州芍药名品众多，词人赞美暮春时节扬州的别样风光，描绘了当地芍药争相开放的繁盛场景，甚至觉得自己到了仙境，扬州芍药的繁茂从中可见一斑。

风流子·黄钟商芍药①

宋·吴文英

金谷已空尘。薰风祝攥舞低鸾翅，绛笼蜜炬，绿映龙盆。窈窕绣窗人睡起，临砌脉无言。慵整堕鬟，怨时迟暮，可怜憔悴，啼雨黄昏。

轻桡移花市，秋娘渡、飞浪溅湿行裙。二十四桥南北，罗荐香分。念碎劈芳心，萦思千缕，赠将幽素，偷翦重云。终待凤池归去，催咏红翻。

这首词描写的芍药富贵又大方，词人对芍药极尽赞美。上片写芍药雍容华贵，将其比作慵懒的美人，含情脉脉；下片表达了词人的眷恋之情，表现芍药的“爱意”和“离别”意象，也表明自己对前途的期待，想要去中书省咏赞那阶上芍药。

扬州慢·淮左名都②

宋·姜夔

淮左名都，竹西佳处，解鞍少驻初程。过春风十里。尽荠麦青青。自胡马窥江去后，废池乔木，犹厌言兵。渐黄昏，清角吹寒。都在空城。

杜郎俊赏，算而今、重到须惊。纵豆蔻词工，青楼梦好，难赋深情。二十四桥仍在，波心荡、冷月无声。念桥边红药，年年知为谁生。

---

① 唐圭璋：《全宋词》，中华书局，1999。
② 同上书。

扬州曾经繁华一时，但战争过后，一片凄凉萧条。词人以二十四桥、明月、芍药等景物咏史怀古、遥寄相思，表达物是人非的哀叹和深沉悲怆之情。

侧犯·咏芍药[①]

宋·姜夔

恨春易去。甚春却向扬州住。微雨。正茧栗梢头弄诗句。红桥二十四，总是行云处。无语。渐半脱宫衣笑相顾。

金壶细叶，千朵围歌舞。谁念我、鬓成丝，来此共尊俎（zǔ）。后日西园，绿阴无数。寂寞刘郎，自修花谱。

这是一首吟咏芍药风情、描写扬州景物的咏物词。姜夔人到中年重游扬州后，看到暮春时节芍药正争相开放，感叹扬州风物正好，而自己却已迟暮，更显悲凉。

念奴娇·赏芍药[②]

宋·曾觌

人生行乐，算一春欢赏，都来几日。绿暗红稀春已去，赢得星星头白。醉里狂歌，花前起舞，拚罚金杯百。淋漓宫锦，忍辜妖艳姿色。

须信殿得韶光，只愁花谢，又作经年别。嫩紫娇红还解语，应为主人留客。月落乌啼，酒阑烛暗，离绪伤吴越。竹西歌吹，不堪老去重忆。

这首词上片表现了词人及时行乐的人生观，词人在花丛中饮酒、唱

---

① 唐圭璋：《全宋词》，中华书局，1999。
② 同上书。

嫩紫娇红还解语

歌、跳舞，不想辜负春光，体现狂放不羁的态度。下片由狂放转到悲伤，哀愁芍药的凋零，表现了离别的悲伤情绪。上下片的情绪截然相反，以欢乐衬落寞，让人更觉寂寥与伤感。

点绛唇·温香芍药[①]

宋·王十朋

近侍盈盈，向人自笑还无语。牡丹飘雨，开作群芳主。

柔美温香，剪染劳天女。青春去，花间歌舞，学个狂韩愈。

词人称赞芍药姿态盈盈，花朵美丽，像女子一样温柔，带有阵阵芳香，美得浑然天成。词人效法韩愈在花间行乐，不亦乐乎。

四、元朝芍药诗

咏芍药[②]

元·杨允孚

时雨初肥芍药苗，脆肥香压酒肠消。

扬州帘卷东风里，曾惜名花第一娇。

① 唐圭璋：《全宋词》，中华书局，1999。
② 李修生：《元曲大辞典》，凤凰出版社，2003。

诗人赞美芍药的娇嫩与芳香，回忆扬州的芍药，称赞芍药花为“第一娇”，体现芍药在诗人心中的重要地位，表达对芍药的喜爱之情。

新安芍药歌[①]

元·袁桷

洛阳花枝如美人，点点不受尘土嗔。
轻朱深白铸颜色，高亚绿树争精神。
那如新安红芍药，透日千层红闪烁。
碧云迸出紫琉璃，风动霓裳凝绰约。
我闻种花如种玉，尽日阴晴看不足。
微云澹荡增宠光，细雨轻濛赐汤沐。
何人看花不解理，香雪纷纷手中毁。
酒酣跌荡空低昂，得意须臾竟如此。
翩翩骕骦云中君，爱花直欲留青春。
青春如流欲归去，明年看花君合住。

元朝芍药广泛种植，袁桷看了洛阳的牡丹和邙山的芍药后，写下了这首诗。诗中表达了诗人对新安红芍药的喜爱，并对种花技巧十分重视，表达了爱花、惜花之情。

五、明朝芍药诗

春暮饮田家[②]

元末明初·郭钰

牡丹芍药委苍苔，风挟馀香去复来。
二十四番都过尽，一樽独对菜花开。

---

① 李修生：《元曲大辞典》，凤凰出版社，2003。
② 同上书。

美丽的牡丹和芍药盛开在青苔覆盖的地面上，微风吹来它们散发阵阵清香。寒来暑往，年复一年，芍药和牡丹就在菜田旁边相对而开。诗人在岁月流转中描写芍药盛开之美景，更添了一份年年岁岁花相似的哲理之美。

移芍药[①]

元末明初·胡奎

去冬移芍药，日日待花开。
屈指到三月，傍阑看几回。
露花滋茧栗，春色满池台。
不学魏家紫，儿孙无地栽。

这首诗是描写诗人在去年冬季移栽了芍药，自此之后每天都在等待芍药花开，弯着手指头数了好几个月，每天都要倚着栏杆看它们几眼。终于等到了春天，满池台的春色，让人充满惊喜。唯有真正等待过花开的人，方可见证芍药花开的别样之美。同时，爱花的诗人也颇有远见，不想学当年种了满城的魏家，要给子子孙孙留下一点种花的空间。

东轩芍药盛开两日，雨阻未得观，及往零落，因惋惜赋之[②]

元末明初·徐贲

看栽红药向东阑，及到开时未暇观。
今日雨晴重过此，浅红深紫已凋残。

芍药花虽美，遗憾就在于每年只盛开一次，错过了便要等待下一年。诗人在这首诗中描写了自己对于错过芍药花开的遗憾，芍药盛开之时未

① 李修生：《元曲大辞典》，凤凰出版社，2003。
② 同上书。

浅红深紫已凋残

得想见。而等到连雨过晴之后，芍药已经在风雨的摧残之中凋谢了。

六、清朝芍药诗

咏一捻红芍药[①]

清·孔尚任

一枝芍药上精神，斜倚雕栏比太真。

料得也能倾国笑，有红点处是樱唇。

红色芍药别有风韵，诗人用杨贵妃（太真，即杨贵妃）之美比拟红芍药之美，赞美芍药的倾国倾城之貌。

芍药[②]

明末清初·王泰际

东风自此去，绰约逞馀芳。

端的谁为婿，迟回似避王。

① 王小舒：《中国诗歌通史（清代卷）》，人民文学出版社，2012。
② 同上书。

一枝芍药上精神，斜倚雕栏比太真

将离名可惜，相谑句犹香。

无复青春眼，看来也欲狂。

东风吹过，余下的一丝春意，暖开了芍药。诗人在此也提出一个疑问：如此美艳的芍药，究竟谁会配得上成为她的夫婿呢？但是芍药开得如此之迟，是为了避开花王牡丹。芍药别名将离，诗经中的“伊其相谑”传至今日，似乎还能够感受到一丝男女之间的美好情意，美好的青春时光不复存在了，但回想当年的自己应该也是充满活力。

咏芍药[①]

明末清初·王泰际

需徐一席避花王，序入朱明乃吐香。

瘦约自存卑亚相，矜严不失贵家妆。

偶将名姓同溱洧，何必风流本洛阳。

傍砌倚阑愁欲绝，怕人闲说到专房。

① 王小舒：《中国诗歌通史（清代卷）》，人民文学出版社，2012。

矜严不失贵家妆

这首诗也将芍药和牡丹相照而写，说芍药贵为花相，需要迟一点盛开避开花王牡丹，等到初夏之际才开始吐露芬芳。虽说屈尊花相，但是芍药花当真高贵。后面四句诗人又分别从历史角度和拟人手法写出了芍药的悠久历史和娇艳柔媚。

题画·其一·芍药[①]

明末清初·吴伟业

花到春深烂漫红，香来士女踏歌中。

风知相谑吹芳蒂，露恨将离浥粉丛。

渍酒稳教颜色异，调羹误许姓名同。

内家彩笔新成颂，肯让玄晖句自工。

诗人在这首诗中表现了芍药花盛开时期美好社会之景。春季芍药花开烂漫，青年男女们拉手踏地而歌，他们借着芍药相互戏谑，以芍药花传递情意。大家把酒言欢，芍药也品种相异，各有芬芳。皇宫又重新修饰了一番，似乎连太阳也要夸赞一番。

---

① 王小舒：《中国诗歌通史（清代卷）》，人民文学出版社，2012。

第五章
芍药花里的信仰文化

在中国古代，人们出于对大自然的敬畏，深信“万物有灵”，花草也被视为神灵之物并被广泛信仰。在《楚辞·天问》中便有“草木有本心”的说法。古人认为花草具有神秘的力量，能够治疗疾病，带来好运。在很多宗教中植物被当作神灵的化身，用于祭祀活动。因为人们相信这些植物能够与神灵沟通，从而使人们获得神灵的庇佑和帮助。

芍药在与人类社会陪伴的四千多年历史里，也时时刻刻承载着人们的这份期许，在民间的信仰文化里，扮演着重要角色。

第一节　佛教：一花一世界

佛教虽然是外来宗教，但对我国的影响却最为深远。汉语很多词汇、概念都源自佛教，比如烦恼、利益、因缘、境界、实际、傲慢、执着、极乐、不可思议等。还有我们熟悉的腊八节，也脱胎于佛教的“法定节”。

释迦牟尼一生中的几个关键时刻都与植物有关：他在祖母花园的无忧树下出生，在菩提树下成佛，在娑罗树下圆寂。所以，佛教与植物结下了不解之缘。“五树六花”是佛教寺院必须栽植的植物。佛门称花为“华”，花华不二，献于佛与菩萨前的称为“献花”，散布坛场四周的称“散华”。佛经里有许多与花相关的典故和用语，如拈花微笑、天女散花、花开见佛、舌灿莲花、花果自成、花开莲现、九品莲花、百鸟衔花、梦幻空华、镜花水月、一花一世界、一花开五叶、莲华藏世界等，足见佛教与花之间深厚的因缘。

芍药，以圣洁的花容、馥郁的芬芳、吉祥的寓意，在佛教世界里占据了一席之地。

一、佛宫禅院之芍药

寺庙中种植花卉、草木有三点原因：一是生活需要，建立花圃、菜园等保障僧侣自身的食物、药物供应；二是为了美化寺院环境，使寺院周围林木扶疏，景色宜人，利于僧人修行和香客游览；三则体现佛教思想和道义的要求。佛家认为，花是各种善行积累而形成的庄严佛果的象征，佛典中也提及花有柔软的品格，可以让人舒缓平静。

1. 法华寺里的梅、橘、药、竹

芍药进入佛教寺庙的历史非常悠久。初唐诗人宋之问《游法华寺》中记载："寒谷梅犹浅，温庭橘未华。台香红药乱，塔影绿篁遮。"诗中提到的是越州法华寺，在今绍兴境内。寺中种植了梅花、橘子树、芍药、绿竹，其中芍药采用花台种植，规则的种植形式与寺庙幽静肃穆的氛围相符合。诗中记载的四种植物，都和佛教有着深刻的渊源。

"不经一番寒彻骨，怎得梅花扑鼻香。"这句我们耳熟能详的诗句，就出自一位大乘佛教高僧——唐朝黄檗禅师。他用梅花凌寒而来、迎风傲雪的坚韧，比喻经过艰苦摸索、禅机顿悟的境地。寺院栽植的梅花，寓意着修道者要有战胜苦难的信心、修成正果的决心。

在《佛陀传》里，佛陀曾以吃橘子为例，告诫世人要关注当下。他说："我们吃橘子的时候，并没有集中精神去感受它，我们感受不到橘子的真实情况。我们思虑过去，担心未来，思想涌向我们。如果我们享有橘子时，可以做到全神贯注，那我们和橘子之间就建立了一种联系。如果能专注地吃橘子，你也就变成真实的了，你能在橘子中看到一切：橘树、花朵、雨露、风的声音，甚至生命的一切。这些美妙的事物，是不专注的人看不到的。"由此，橘树就常被应用于寺庙园林，以提示修行者，只要专念修行，就能从橘子里看到别人看不到的东西。

竹子，在我国寺庙园林里非常常见。据佛经记载，佛教创始人释迦牟尼悟道后，在鹿野苑说法，往摩揭陀国王舍城中渡诸生民，居住在迦陵的竹园中。迦陵即迦兰陀，是摩揭陀国的长者。迦陵归佛后即以竹园奉佛，为如来说法之所，迦陵竹园是古天竺的五大精舍之一，史称竹林精舍，即以竹林为奉佛的所在。佛典里有"青青翠竹，总是法身"的说法。唐朝诗人也多次记录下"竹径通幽处，禅房花木深""修篁半庭影，

佛陀以橘树说法示意图

清磬几僧邻”的僧侣居所。僧侣们以竹为家，种竹吟竹，涌现一批竹诗、竹画、竹楹联等。

而芍药与上述三种植物并列出现，说明在当时，芍药与其他三种植物一样，具备佛法所推崇的精神。

2. 白居易以花喻佛法

白居易在十八岁那年就认识了正一上人。有一年他看到芍药花开，想念故人，便写下《感芍药花，寄正一上人》：“今日阶前红芍药，几花欲老几花新。开时不解比色相，落后始知如幻身。空门此去几多地？欲把残花问上人。”

上人，是对持戒严格并精于佛学的僧侣之尊称。全诗以花寄予诗人自己的感悟，请正一上人指教，此诗从广义上讲可以算是一首禅诗。大意是，台阶前的红色芍药，哪些是将要谢的？哪些又是才开的呢？最美是开的时候吗？花谢的时候需要悲伤吗？我的思考有没有契入空相，以将谢未谢的芍药请上人指教。

这段翻译，是不是感到很难理解？仔细品读，又别有深意。这说明白居易对佛学有很深的造诣，他借花喻理，传达自己对生命的思索，也体现出他对佛学的渴求。从这首诗也能看出芍药与佛教有很深的因缘。白居易一生信奉佛法，古稀之年，自号“香山居士”，长居洛阳香山寺，过上了无忧无虑的出世生活。

3. 蔡襄的吉祥芍药

宋朝著名文学家、书法家蔡襄，福建省仙游县人，自小深受仙游地区名僧大德的影响，对佛寺僧人有着一种别样的亲近感。他出仕为官之后，也频繁往来借宿于佛门，写下了大量与寺庙有关的诗词。

有一次蔡襄来到华严院，看到满院的芍药都败了，但有两枝红色芍药花依然绽放。他颇受感动，便写下《华严院西轩见芍药两枝，追想吉祥赏花，慨然有感》：“吉祥亭下万千枝，看尽将开欲落时。却是双红有深意，故留春色缀人思。”诗人认为，留下的这两朵芍药花，仿佛是在等待知音的到来，以此来传递春天的消息，引发人们对春光、对时间、对生命的思索。

4. 大佛红芍榻前艳

张掖大佛寺，始建于西夏，后为历代皇室敕建的寺院。据传元世祖忽必烈诞生于此，宋朝末代皇帝赵显皈依佛门后隐居于此。

张掖大佛寺里种植了红芍药，每到五月，大佛寺内外，红芍药竞相开放，好似春天的江南，可谓“红芍榻前艳，向佛娇婀娜”。让人联想到元稹的《红芍药》：“翦刻彤云片，开张赤霞裹。烟轻琉璃叶，风亚珊瑚朵。受露色低迷，向人娇婀娜。”

张掖大佛寺

5. 扬州佛寺遍芍药

我国古代有三本《芍药谱》，都是宋人写扬州芍药的花谱。自古以来，广陵芍药、洛阳牡丹并称于世。宋人苏轼《东坡志林》云："扬州芍药为天下冠。"清人陈淏子《花镜》亦云："芍药唯广陵天下最。"广陵，即扬州古称。

据宋朝的这三本《芍药谱》记载，当时扬州佛寺中种植芍药的规模空前盛大。刘攽的《芍药谱》言："历览人家园圃及佛舍所种凡三万余株芍药。"孔武仲的《芍药谱》亦言："六氏之园，与凡佛宫道舍有佳花处，颇涉猎矣。"王观的《芍药谱》则论述最为详尽，曰："《花品》旧传龙兴寺山子、罗汉、观音、弥陀之四院冠于此州，其后民间稍稍厚赂以匄其本，壅培治事，遂过于龙兴之四院。今则有朱氏之园最为冠绝。"又曰："扬之人与西洛不异，无贵贱皆喜戴花。"

韩琦曾在扬州任职，其在《和袁陟节推龙兴寺芍药》一诗中亦记当时扬州龙兴寺僧人种植芍药的相关情况，云："我来淮海涉三春，三访龙兴旧僧舍。问得龙兴好事僧，每岁看承不敢暇。后园栽植虽甚蕃，及见花成由取舍。出群标致必惊人，方徙矮坛临大厦。客来只见轩槛前，国艳天姿相照射。因知灵种本自然，须凭精识能陶冶。君子果有育材心，请视维扬种花者。"

除了龙兴寺之四院，还有禅智寺种植芍药的记载。《（万历）扬州府志》言：“扬州古以芍药擅名，宋有圃在禅智寺前，又有芍药厅，向子固有芍药坛，则禅智寺前有芍药圃。”乾隆时期，李斗在《扬州画舫录》中亦言：“开明桥每旦有花市。盖城外禅智寺，城中开明桥，皆古之花市也。”

扬州芍药遍地开

宋朝诗人王涣，还写下在昭庆寺赏芍药的诗句：“一半春光过牡丹，又开芍药遍禅关。久辜佳约违莲社，今续清欢到宝蓝。垂露几团花面湿，东风一阵燕泥寒。酒边何味呈奇供，绿笋朱樱正满盘。”这种一边观赏盛开的芍药花，一边吃着时令美食（绿笋、朱樱）的闲暇时光，真是令人心生羡慕。

清初李渔的《风入松》云：“广陵芍药爱喧阗，此处宜偏。万花会里嫌人杂，避来僧舍私妍。独向空中设色，时从笑里参禅。”这首诗描写作者觉得万花会太过嘈杂，而进入僧舍赏芍药，可以享受清静与禅思。

6. 天宁芍药冠广陵

到了明清时期，芍药的栽培中心随着皇权的北上，从扬州转移至北京。寺庙中广泛种植芍药的传统也被保留下来。

旧日京城曾有四大花事，崇效寺的牡丹、极乐寺的海棠、天宁寺的芍药和法源寺的丁香。可惜经过千百年历史的洗礼，除了法源寺的丁香被幸运地保留下来，崇效寺和极乐寺早已消失不见，天宁寺虽然还在，但也经过数次毁灭与复建，如今已不再种植芍药。不过，从乾隆皇帝留下的七律诗《天宁寺》中，我们仍然可以了解到当时寺院开花的盛况：

天宁门外天宁寺，最古花宫冠广陵。

指月禅枝阅百代，度经阿阁耸三层。

亲民乍为思苏轼，传法何须问慧能。

我自多忧非独乐，岂能香界镇吟凭。

全诗从头到尾，虽然没有提到“芍药”二字，但是从“最古花”“冠广陵”中，可以确定乾隆笔下的花就是芍药花。因为宋人王禹偁曾定义芍药为“最古名花”，苏轼曾云“扬州芍药为天下冠”。乾隆在首联就强调，天宁寺的芍药花，比扬州的都要好，开得盛况空前。后面的诗句大意是说，自己不能独自享乐，而是要亲力亲为，与民同苦同乐，表达自己治国理政的抱负。

除了天宁寺，北京其他寺庙也有众多关于芍药的记载，如太仓人王衡游韦公寺时写道：“红药春分圃，青蔬雨到畦。江南真在眼，枝上子规啼。”寺庙内有芍药圃与菜畦，供观赏和生活之用；眼前美丽的芍药，让人仿佛到了江南的扬州，想起那句“绿遍山原白满川，子规声里雨如烟”。

二、佛前供花之芍药

芍药花除了在佛宫禅院里作为绿化、美化庭院的植物出现外，它也常常被作为瓶花、插花，以佛前供花、礼花的形式出现在宗教活动场所。

华美庄严的寺院内，以美丽飘香的花束供养诸佛、菩萨，是佛门重要的供养仪式之一。佛经里说，若有众生，奉施香花，可得十种功德：一者处世如花；二者身无臭秽；三者福香戒香，遍清方所；四者随所生处，鼻根不坏；五者超胜世间，为众归仰；六者身常香洁；七者爱乐正法，受持读诵；八者具大福报；九者命终生天；十者速证涅槃。

芍药具有特殊的宗教意义。在佛经中，花代表因，花和果代表了佛教的因果说。以花供佛，实则是供给教徒的内心。

据苏轼在《玉盘盂》一诗诗序中言：“东武旧俗，每岁四月大会于南禅、资福两寺，以芍药供佛。而今岁最盛，凡七千余朵，皆重跗累萼，

佛前供芍药花示意图

繁丽丰硕。”仅东武一地两座寺庙，便需七千余朵芍药，可见当时芍药供佛风气之盛。

《玉盘盂》中还提到了供花的方式。芍药的供奉方式有两种。一种是“两寺妆成宝璎珞，一枝争看玉盘盂”。璎珞又称“华鬘（mán）”，是流行于印度的一种环状首饰。人们将芍药编织成巨大的璎珞花环，钉挂于墙壁或披在佛像身上。另一种则是瓶花，将芍药切花插入水瓶中供奉于佛像前。‘玉盘盂’，是古代芍药的一个品种，纯净的白色，花大如盘，花瓣层层叠叠，与圣洁的佛像非常相称。

陆游《初夏山中》一诗，也提到佛前供奉芍药花的场景，他说：“佛瓶是处见红芍，僧榻有时闻子规。”在陆游眼中，只要佛像前有花瓶的，都插着红芍药，因此他认为这是一年中最美好的季节，“年光佳处惟初夏”。

三、芍药为什么能成为礼佛主角?

芍药花之所有能成为礼佛主角之一，是因为它身上具备三个特点：

1. 花香即佛香

佛经记载的佛国净土，是一个鲜花遍布、鸟语花香的世界。这是因为花香能祛除种种异味和污秽，让人内心清净，心生慈悲，达到“心净国土净”的境界，因此鲜花常被用作供养佛菩萨、本尊的圣品。

佛寺又有“花宫”“花界”“香界”“香国”之称。李颀在《宿莹公禅房闻梵》诗里写道：“花宫仙梵远微微，月隐高城钟漏稀。”元稹的《与杨十二、李三早入永寿寺看牡丹》诗中说：“晓入白莲宫，琉璃花界净。”诗人提到的“花宫”“花界”都是佛寺僧人远离喧闹，在山间修行之所。颐和园有一处题名“众香界”的牌楼，就是佛教建筑中的一部分。

那么，芍药的花香，到底有多香呢？用韩愈的话说，叫作“浩态狂香昔未逢”，用司马光的语言则是“异香迎鼻酷如兰”，用宋之问的描述乃是“台香红药乱”。

现代大量科学研究表明，花的香味能影响人的情绪，其芳香油的气味通过嗅觉神经传递到大脑皮层，使人产生沁人心脾之感。芍药的花香则兼有香草与沉香的味道，还有一点木香与肉桂的气息。其主要的气味成分有苯乙烯酸、苯乙醇、香豆素、挥发油等，现在已被提炼出芳香精油，用于化妆品、日化快消品等领域。

2. 一花开五叶

相传中国禅宗初祖菩提达摩，于梁武帝普通年间（520—527年）由天竺来到中国。他面壁坐禅九年之后，传法给慧可，告诉他：“内传法印，以契证心；外付袈裟，以定宗旨。”并念了一首偈：“吾本来兹土，传法救迷情，一花开五叶，结果自然成。”这是告诉世人，禅宗一脉（一支）以达摩为祖，称“一花”，最终，却分出了“五叶（五派）”的事实。

芍药，为二回三出复叶，小叶数常为五枚，非常符合佛教“一花五

芍药精油日化品

叶”的说法。这大概也是芍药跻身于佛教供花的一个重要原因。

3. 花中见六度

佛教的六度，指的是自我修炼参悟佛法、度过生死烦恼和各种苦难、抵达涅槃彼岸的六种方法。其中，“度”的梵语是波罗蜜多，字意是“到彼岸”，就是令人度过生死烦恼，抵达涅槃彼岸的意思。“六度”包括布施度、持戒度、忍辱度、精进度、禅定度、般若度。

在大乘菩萨道的修行法门中，六度波罗蜜是重要的修行方法。从一朵芍药花中，我们可看出它具备的六度精神。

(1) **布施度**：芍药花开，美丽的姿容，馥郁的芬芳，令人一见便心生愉悦，带给人欢喜，这是一种布施精神。

(2) **持戒度**：芍药开花，需要遵循一定的规律，春生夏长，秋收冬藏，总在一定的时节、范围内，不会“不时开花”，具有持戒的精神。

(3) **忍辱度**：芍药开花，需要经历一个冬天的低温，根芽、种子深埋土里，其间必须忍受黑暗、寂寞、虫害、病害等困苦，而后才得以抽芽、展叶，乃至开花，所以具有忍辱的精神。

芍药“一花开五叶”

(4) **精进度**：芍药的花，虽然花期短暂，但却努力散布着芬芳，展现它最美的一面。即使谢了，仍化作泥土、肥料，为来年的成长做准备，甚至留下种子，为以后的生命而生生不息，所以具有精进的精神。

(5) **禅定度**：芍药花开在春末，它不与群芳争艳，也不与万卉争春，只是默默地等待自己的花期，然后静静地开放，表现出宁静、祥和、隐忍的气质，这就是禅定的境界。

(6) **般若度**：芍药花品种繁多，各种颜色、大小、香味，千变万化，奇妙不已。这般丰富的世界里，蕴含无限的智慧和能量，就是般若度。

第二节　道教：五月花神

道教是中国本土宗教，以“道”为最高信仰，带有浓厚的万物有灵论和泛神论的色彩。道教文化创造出很多神话传说，从上古时期的女娲、盘古，到玉皇大帝、太上老君等，都是我们耳熟能详的神仙，是我们传统文化的重要组成部分。作为万物之精华的花木，当然也要有一位神仙来掌管，这就是司花之神——花神。

花神掌管世间的花开花谢，还是百花的保护神。据《中国民间俗神》一书记载，花姑本是一位种花的女子，因崇道奉祀魏夫人，一跃而成为花神。诸多传说中提及民间信奉的颇有来历的女夷、花姑两位花神，都是道教女仙魏夫人的弟子，她们开始大多以道姑的形象出现，最后得道成仙。除此之外，中国民间素来也有关于花神的种种传说，其中以百花花神谱、十二花神最为著名，但也众说纷纭，难以统一。百花花神谱以花种区分，选取了诸如武则天、李清照等历史真实人物以及文学艺术人物形象为代表，以人物对应花种，冠之以司花仙子之名。例如：武则天充满帝王皇霸之气，为司牡丹花仙子；李清照的诗词清新婉约，为司菊花仙子。关于十世花神的传说民间版本更是层出不穷，有以历史著名人物为主的，也有符合花卉秀外慧中形象的女子意象，有对应十二月历法的时间花神，更有专门与十二花神相关的诗词等文学作品广为流传。

芍药盛开的月份在五月，五月芍药的花神是苏东坡。苏东坡曾担任扬州太守，大赞“扬州芍药为天下之冠”。虽然他在扬州为官仅仅半年，但他努力革新鼎故，做了几件深得人心的好事，受到百姓赞誉。其中最著名的一件，就是“废万花会，除民之忧”。当年扬州模仿洛阳牡丹万花会，举办一年一度的芍药万花会，官员以圣上之名向各地强征茶、花，造成百姓巨大灾难。苏东坡来扬州时正是初春芍药盛开的时节，看到这一“官欺民”的现象，非常痛心，写下《以乐害民》一文，申明自己的主张：“扬州芍药为天下冠，蔡延庆为守，始作万花会，用花十余万枝。既残诸园，又吏因缘为奸，民大病之。予始至，问民疾苦，遂首罢之。万花会，本洛阳故事，而人效之，以一笑乐为穷民之害。”苏东坡痛斥这种表面热闹非凡的“万花会”，享受的是豪绅贵族，遭殃的却是老百姓。每年十万余朵芍药花，加上其他种种设置配备，这要动用多少人力、物力和财力啊！苏轼公开提出不要以娱乐的名义损害民众的利益，表达了他体恤民情、惜红怜翠的态度，受到百姓拥护，并奉他为“五月花神”。

芍药历代为道教医家所重视，认为其具有延年益寿的功效。道教供奉的一位古代仙人，名为安期生，相传他专门用芍药制成药丸，以酒送服，就可以翻山越岭，身轻如燕，还可以不用吃人间的食物而得以长生。

《本草纲目》里记载了“安期生服炼法”，说：“芍药有金芍药，色白多脂肉；木芍药，色紫瘦多脉。”

安期生，原名郑安期，也被称为北极真人、千岁仙翁，山东琅琊人士。他是秦汉时期燕齐方士活动的代表人物，黄老哲学与方仙道文化的传人。《列仙传》曾记载，秦始皇召见过他，并畅聊三天三夜。

一生寻求仙道的李白，自称亲眼见过安期生，为此写过两首诗。一首是《寄王屋山人孟大融》：“我昔东海上，劳山餐紫霞。亲见安期公，食枣大如瓜……”另一首是《古风·王鹤西北来》，描述的是他见到安期公的场景：“五鹤西北来，飞飞凌太清。仙人绿云上，自道安期名。两两白玉童，双吹紫鸾笙。去影忽不见，回风送天声。我欲一问之，飘然若流星。愿餐金光草，寿与天齐倾。”

作为道教公认的最早“炼金术士”，安期生服用自己的丹药，成为“千岁翁”，并最终羽化成仙，为后人津津乐达。

道教仙人安期生

第三节　萨满教：芍药花神崇拜

我们在看以清朝作为背景的电视剧时，如果细心一些，会发现皇室举办的祭祀活动中常有萨满教跳跃舞动的场景；在深宫佳丽的云鬓上，常有芍药花的身影。那么萨满教与清朝皇室有什么渊源？芍药花又是如何成为萨满教的崇拜、满族人的“花神”的？让我们一起探究一下这段神秘的宗教历史吧。

一、什么是萨满教？

萨满一词，至少存在了两千年，源自通古斯语中的鄂温克语，该族是俄罗斯北部的一支原住民族，后世分布在今日的蒙古、中国黑龙江、西伯利亚等地。萨满教，因其巫师萨满而得名，是我国古代北方民族普遍信仰的一种原始宗教，产生于原始母系氏族社会的繁荣时期。古代北方民族或部落，如肃慎、勿吉、靺鞨、女真、匈奴、契丹等，近代北方民族，如满族、蒙古族、赫哲族、鄂温克族、哈萨克族等，都信奉萨满教或保留萨满教的某些遗俗。萨满教秉持天人合一、万物有灵的多神论，包括自然崇拜、图腾崇拜和祖先崇拜，而“芍药花神”就属于其中的自然崇拜。

关于萨满的最早文献记录是在南宋徐梦莘的《三朝北盟会编》，“据载兀室奸猾而有才，自制女真法律文字”，“变通如神，其国人称之为珊蛮，珊蛮者女真语巫妪也”。其中的“珊蛮”即萨满，其基本含义为“晓彻之人”“通达之人”，指最能通达、知晓神的旨意。中国古代文献中“巫”“胡巫”就是指萨满，北方民族的宗教观大多受到了萨满教的深刻影响。

随着萨满教的产生和发展，萨满文化作为一种宗教文化形态也随之产生，在之后千百年的发展和演变过程中，不断丰富着萨满教的内涵，也不断渗透于社会组织、传统习惯、道德规范、生存活动以及人的思维心理等方面。“芍药花神”也随着萨满教的脚步，流转于各个王朝和民族的不同时期，不仅出现在历史记载中，也发展出以芍药花为主角的文学创作、风俗习惯等体现美学的多种方式，绽放出了多样的美丽与生机。

萨满祭祀

二、大金国为什么将芍药定为国花？

金朝（1115—1234年）是中国历史上由女真族建立的统治中国北方和东北地区的封建王朝，由完颜阿骨打（完颜旻）所建。据《大金国志校证》卷一中载，辽天庆五年（1115年），女真杰出首领完颜阿骨打，建立了大金国并称帝，“是年，生红芍药花，北方以为瑞。女真多白芍药花，皆野生，绝无红者。好事之家采其芽为菜，以面煎之，凡待宾斋素则用之。其味脆美，可以久留。金人珍甚，不肯妄设，遇大宾至，缕切数丝置碟中，以为珍品。”根据这段记载可以知道，当年金人多种植白色芍药，而完颜阿骨打称帝时，天降异象，红色的芍药花遍地盛开，朝野上下都认为这是祥瑞征兆，寓意国家繁荣昌盛，因此将红色芍药定为大金国的国花。此后，无论是大金国宫廷的花园里还是民间女真人家的庭院中，在栽种白芍药花的同时，都纷纷栽植珍贵的红色芍药花。可见，早在金国时期，女真族人就有了广泛栽植芍药花的国俗。

17世纪以后，女真人再度振兴。天命元年（1616年），清朝太祖努尔哈赤建国，也曾把自己建立的国家叫作“金”，历史上为了区分，称其为“后金”，就是因为宋朝时期的金国也是由女真族人建立的。后来，努尔

早期女真族人

哈赤的儿子皇太极即位后，担心“金”这个称呼会引起汉人回忆起岳飞时代金国对汉人的凌辱，所以改国号为“清”，并将女真族改为满洲族。

随着清王朝的建立，女真族信奉的萨满教也以压倒一切宗教的雄厚势力步入宫廷，满族统治者把萨满信仰作为本民族的固有文化传统予以维护与扶植。其中，早期女真族人“芍药花神”这一文化信仰，也得到了传承和传播。

三、萨满教为什么盛行芍药崇拜？

萨满教产生于人类社会的远古时代，那时自然环境恶劣、生产力低下，人们便将各种自然现象和自然物与人类生活本身相结合，赋予它们神秘的超自然力量，于是相继出现了自然崇拜、图腾崇拜和祖先崇拜。在自然崇拜中，以植物崇拜和动物崇拜最为多样。

1. 芍药除妖降魔的神话

芍药花作为一种植物崇拜，可以追溯到萨满神话《满族说部》，它在 2006 年已被录入国家非物质文化遗产目录。其中记录了一段刻在神龛上的故事《天宫大战》，被学术界认定为萨满教的创世神话。该神话讲述了创世女神（天母）阿布卡赫赫与众女神齐心协力，对抗恶魔耶鲁里，最终扫除疫病、平伏灾难，迎来了光明天地、和谐世界的伟大功绩。故事中，创世女神阿布卡赫赫的护眼女神，名字叫作“者固鲁女神”，在阿布卡赫赫被抓之际,她突然化身为一朵芳香四溢、洁白美丽的白芍药花，吸引了耶鲁里和众恶魔的注意力，引得他们纷纷争抢白芍药花。随后白色花瓣变幻成千万条光箭，刺向恶魔眼睛，令他们四散逃窜，躲回黑暗的地穴里，从而使创世女神得救，也因此开创了新天地。变身白色芍药花的者固鲁女神，后被赐予万神神威。后世的满族人，无论戴花、插花、贴窗花、雕冰花，都喜欢白芍药花题材。

2. 芍药治病救人的神话

在傅英仁的《满族萨满神话》一书中，收录了一个关于芍药治病救人的感人故事。据说天国有一条巴纳姆河，河的两岸有一红一白两棵芍药。有一天，对人间充满好奇心的白芍药花，违背天规，偷偷下凡去了人间。当白芍药花来到了北方时，她看到这里气候寒冷，人们生活贫困，瘟疫泛滥。白芍药花非常难过，用自己的血滴在泉水中化开，为大家治病。饱受瘟疫折磨的人们喝了含有白芍药花鲜血的泉水，都奇迹般地恢复了健康。一传十,十传百，越来越多部落的人民来求白芍药花治病救人。白芍药花只顾为人们治病，却忘了自己已离开天国，没有补充自身血液的方法。当她准备飞回天国时，体内的血即将干枯，她已经没有力气飞往天国了。而在天国的红芍药，等待白芍药花久久不归，非常担心，于是也偷偷下凡来寻找白芍药花。当红芍药花看见白芍药花不顾一切地伸出胳膊要往外挤血，她就代替白芍药花用自己的鲜血继续抢救北方病人。最终，红芍药花和白芍药花都挤尽了最后一滴血倒下了，再也没能起来。人们十分感念芍药花的恩德，于是尊芍药花为满族的植物神。

3. 祭神活动中的芍药面具

萨满教在神事活动中，常常身穿特殊的服装和一些与萨满教观念密切相关的饰物，这些被统称为萨满服饰。在岁月更迭中，从萨满教的祭祀活动中派生出了一种歌舞艺术——玛虎（hū）戏，主要演绎的是萨满神话故事。“玛虎”满语为假面鬼脸的意思，早在金代就有玛虎之戏。其生动形象、色彩丰富的玛虎面具，也是参照萨满祭司的神面进行制作的，曾一度失传，后在学者傅英仁和王松林的挖掘整理下得以重现往日的光辉。他们在黑龙江省宁安市征集到众多满族玛虎戏面具遗物，其中就有白芍药花神面具和红芍药花神面具。

白芍药花神面具

2020年6月，王松林筹建的国内第一家弘扬满族玛虎戏剧的文化组织“金玛虎剧社”在长春举行了揭牌仪式，同时举行了玛虎戏的首演活动，即命名为《芍药花开》。他们将萨满神话搬上舞台，以“芍药花神”战胜瘟疫病魔为主题，展示了独特的民族文化，颇受观众好评。

4. 芍药花在满族民俗中的应用

芍药花作为萨满教的植物神之一，后又发展为图腾，体现在了萨满教信徒和民族中的生活各处，已经成为民俗中的一部分，在金朝和清朝时期尤为普遍。明末清初散文家张岱在《陶庵梦忆》中有记载芍药花的用途：“兖州种芍药者如种麦，以邻以亩。花时宴客，棚于路、彩于门、衣于壁、障于屏、缀于帘、簪于席、茵于阶者，毕用之，日费数千勿惜。”其中“棚于路、彩于门、衣于壁、障于屏、缀于帘、簪于席、茵于阶”就足以体现出芍药花在满族家庭的普遍性。

根据上一节的萨满神话，我们不难看出，芍药花在满族人的信仰中，主要承担着驱除灾厄、治病救人的意义。因此，用芍药来表达人们对健康、幸福的美好愿望，一直深刻渗透在满族民俗的方方面面。

芍药花在满族民俗中的体现

满族有崇尚白色的习俗，认为白色是驱魔洁世的吉祥之色，萨满祭祀时穿白色衣服，满族人用白马祭天。其根源都可追溯到创世纪神话《天宫大战》，女神用白色芍药花战胜了恶魔。

满族女子喜欢戴花或插花，最青睐白芍药花，也是取其祛除恶魔之意。在端午节时，满族女子戴花非常讲究，她们会用五彩花绫线编结成芍药花小物件，佩戴在身上，以求吉祥福顺。

在满族说部《萨布素将军传》中，有一段用芍药花描写妙龄少女的句子，“只见那女子的面容，娇嫩得就像山坡上刚要开放的芍药花”。这里用芍药花比喻姣好的面容，不仅表现出女子的美丽可人，更有一层善良勇敢的内在含义。

另外，芍药花还是满族的特色小吃，以白芍药花为主，可以做粥、做饼、做茶吃。清朝德龄女士在《御香缥缈录》中曾叙述慈禧太后为了美容养颜、延年益寿，喜欢吃芍药花饼。

第六章 芍药的纹饰与绘画美学

芍药，作为我国传统名花，人们对它的喜爱，不仅仅局限在对实体植物的栽培和欣赏上，它也被当作一种艺术意象和精神寄托，抽象或写实地表现出来。在历朝历代、各个民族的生活器物、服装服饰和工艺美术作品中，芍药的身影经常出现，呈现出独特的美学价值。

第一节　古代芍药的纹饰美学

从商周时期开始，随着青铜器、陶瓷的出现，人们开始借鉴自然界中的动植物形象，抽象成纹饰表达在器物上，来传递对生活的理解。借鉴的对象从动物、植物到象形文字、几何图案等，广泛而丰富，形成了独特的纹饰文化。魏晋南北朝之后，在佛教装饰艺术的影响下，植物花卉的纹饰题材越来越丰富，逐步走进了人们生活的各个领域，体现在生活器物、服装服饰、工艺美术用品中，植物纹饰成为表达生活的魅力语言。

一、契丹族的芍药纹彩盆

南宋文学家姜夔在《契丹风土歌》中曾写过："契丹家住云沙中，耆车如水马若龙。春来草色一万里，芍药牡丹相映红。"这两句诗不仅记载了契丹的风土民情，更体现出了北方契丹民族种植牡丹与芍药两种花卉的盛况。由此可知，牡丹和芍药不仅是中原人们的最爱，也颇受北方游牧民族契丹的喜爱。实际上，如果我们去观察辽代的陶瓷，就会发现牡丹花和芍药花作为装饰题材经常出现在辽瓷上，堪称当时最为流行的装饰图案。

辽代（907—1125年），是由我国古代北方游牧民族契丹建立的政权，历经二百余年。它除了在经济、文化等方面受中原影响外，陶瓷烧造与装饰也直接或间接地深受中原窑场的影响，其陶瓷上的牡丹纹、芍药纹虽源自中原定窑与磁州窑等陶瓷艺术，却又与中原诸窑陶瓷的工艺风格有着许多不同之处。

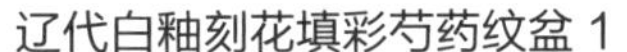

辽代白釉刻花填彩芍药纹盆 1

辽代白釉刻花填彩芍药纹盆 2

同时期的中原地区是芍药纹用作瓷器纹饰的兴起之地。定窑白瓷上刻画的芍药花纹十分常见，主要被施于盘、碗类器物的内底。有一茎双岔的花枝交叉形式，花头对称回绕，层叠盛开，生机勃勃；也有缠枝形式，花枝缠绕，花叶卷曲，花朵硕大，花形饱满，寓意吉祥。以笠式碗为典型代表，内壁刻画装饰缠枝芍药花纹，四个硕大的花头呈盛开怒放状，在枝茎与卷叶的衬托下显得格外婀娜多姿。此时期的河北观台磁州窑白釉炉的沿面上，也有用黑釉绘制的折枝芍药花纹，墨彩淋漓，画韵十足。

相比较而言，契丹族的牡丹纹、芍药纹除了被装饰于碗、盘、注壶等中原式器物造型外，还多被饰于方碟、海棠式长盘、鸡冠壶、盘口长颈瓶、凤首瓶等契丹式器物造型上，极富民族特色。例如，上图白釉刻花填彩芍药纹盆就极具代表性，其造型均为卷沿、圈足，红褐色陶胎，挂化妆土，施白釉。盆内壁及底刻画一整株芍药花，枝茎较粗，内填绿彩，花纹叶脉勾勒清晰，色彩明艳，极富装饰艺术性。

源于中原陶瓷的纹饰图案，历经了契丹族人民生活与文化的不断融入与升华后，最终形成了鲜明的民族与地域特色，它不仅提升了陶瓷纹饰的艺术感染力，更拓展了陶瓷纹饰的文化内涵。

二、西夏族的芍药石刻与扁壶

西夏故地出土的陶瓷器文物，大多以宁夏回族自治区吴忠市灵武窑出土的为代表，综括了这一时期的地方特色。其中大量的日用器皿以花卉纹装饰为主，尤以牡丹和芍药为主纹，它们出现在西夏瓷器、彩绘壁画、供桌等器物上。但是由于牡丹和芍药在花部的形态上具有极大的相似性，单看花一般很难分辨，可以根据叶片形态进行区分，芍药的小叶片一般不分裂，牡丹的叶片全部呈三裂状。西夏族的芍药石刻与扁壶展示，其石刻上的芍药花的基部叶片为典型的二回三出复叶，而接近花托处的叶片是单叶；灵武窑出土的芍药花纹扁壶上的四枝首尾相连的芍药花全为排列整齐的对生单叶。上述特征符合芍药花的叶片特征，故认为是芍药纹。

为什么西夏如此推崇芍药纹和牡丹纹呢？这可能与中原文化的传播与融合相关。出土于西夏的两个窑址虽因材施艺，运用了当地特产的煤炭和高岭土资源，且能够长期大量生产供给制瓷业，但是无论是窑炉设计还是作坊建造均学习了陕西耀州窑，器表的装饰工艺技法也学习自北宋模印、剔刻等方式，因而推测瓷器的纹路装饰也大多学习了中原范式。再加上西夏国当时国境内是有芍药和牡丹野生种分布的，西夏人本身对自然也有眷恋情愫，因而造就了芍药纹饰和牡丹纹饰在西夏的盛行。

党项墓出土芍药花纹石刻

灵武窑出土芍药花纹扁壶

三、宋金时期的芍药纹镜盒与花口瓶

中国磁州窑博物馆藏的金代白地填黑芍药纹镜盒，是磁州窑文物遗存中两件存世的镜盒珍品之一，体现了宋金时期中国北方民间瓷窑的艺术造诣与制瓷水平。

铜镜的历史可追溯到三千年前的商周时期，当时的铜镜主要作为礼器，至东周时期才为王公大臣整理仪容所用。秦以后，铜镜逐渐平民化，走入寻常百姓之家。因此，早在两周时期，就出现了盛放铜镜的长方形漆盒，以后历代皆有用盒装镜的习惯。到了宋金时期，铜镜虽然已经较为普及，但对于平民百姓来说，铜镜依然是一种奢侈品，自然要用精致的镜盒来保存。中国考古史上，镜盒属于十分罕见之物，存于后世的镜盒寥寥无几，瓷质镜盒更属难能可贵。

磁州窑博物馆这件金代白地填黑芍药纹镜盒，做工极为考究。盒盖表面，可分为内圆和外圆。外圆，由曲带形连续回纹构成，这种纹饰俗称“富贵不到头”。连续回纹内，以双勾填地的技法绘制出两枝首尾相对的并蒂折枝芍药，芍药姿态生动，刻画工整细腻，花蕊和花叶上的经脉清晰可见，它们自由伸展，首尾呼应，富丽和谐。更令人叫绝的是，盒盖与盒身的合缝处，绘有几道简化的卷草纹，只有把上下卷草纹对齐成图，镜盒才会严丝合缝。如此巧妙的设计，真可谓匠心独运。一般说来，镜盒多是作为嫁妆订烧的，“并蒂折枝芍药”纹饰有“花开见喜，好事成双”的寓意。

金代白地填黑芍药纹镜盒

金代缠枝芍药纹花口瓶

金代缠枝芍药纹花口瓶是目前磁州窑遗址中发现的唯一一件白地黑绘花口造型的瓷器。这只花口瓶制作工艺复杂，花口瓶的瓶身修长圆润，由工匠使用拉坯工艺制成；而喇叭形足和瓶口的花瓣造型，需先用模具制成，然后再与瓶身组接。这只缠枝芍药纹花口瓶采用典型的白地黑绘装饰手法，需要在瓷坯未干时绘制图案，这就要求画工必须拥有娴熟的技巧，对所画的纹饰做到胸有成竹，以比较快的速度一气呵成。用这种画法画出的图案，简练、豪放、收放自如。现代磁州窑工匠曾试图复制这只缠枝芍药纹花口瓶，但是从没有制作出一件一模一样的作品，可见此花口瓶的制作难度之大。缠枝芍药纹花口瓶从它的制瓷工艺、绘画技术都体现了当时制瓷工艺的最高水平，是现代人无法超越的一种陶瓷工艺。

四、明朝缠枝芍药碗

明清之后，各种花纹已成范式，芍药纹饰大多搭配缠枝纹、卷草纹等，形成模式化的装饰纹路。

明宣德青花缠枝芍药纹碗，直径18.5厘米，敞口、宽口沿、浅弧腹、圈足。外壁以青花绘缠枝芍药纹，细小纹饰处采用一笔勾成的画法。腹壁共计六朵同花同向，花朵饱满圆润，花心状如葫芦，花瓣托苞。主枝为波浪形缠绕往复，小片花叶穿插其间，勾勒填色中有深浅变化。近足处为莲瓣纹饰，足壁绘以单线条装饰，内壁素白，碗心绘双圈朵花纹。青花发色浓深，底足平削，底款为双圈六字“大明宣德年制”双行楷书款。此碗为明朝青花名品，传世甚少，至为名贵。它历数百年之风霜而宝光依旧，风韵不减，令人叹为观止。由之可鉴，正因为宣德青花御瓷独具静穆而高贵的表现力，彰显出中国陶瓷那份穿越时空、不可言喻的经典之美，在中国艺术史上绽放出绚丽夺目的光芒，奠定了其空前绝后的地位。

明宣德青花缠枝芍药纹碗

五、清朝芍药纹瓷器

清乾隆款珐琅彩芍药雉鸡图玉壶春瓶采用“瓷胎画珐琅”的方式，在瓶腹部绘以芍药一簇，花朵舒展、叶片清晰、姿态灵动，和雉鸡、湖石共为中心，釉面莹润如玉，是天津博物馆的镇馆之宝。这只玉壶春瓶构图精巧，空白处墨彩题诗“青扶承露蕊，红妥出阑枝”，引首有朱文“春和”红印，句尾有白文“翠铺”、朱文“霞映”二方印，瓶底赭彩四字方款“乾隆年制”。该瓶集诗、书、画、印于一身，称之国宝名副其实。

在《扬州慢·淮左名都》里，姜夔用“念桥边红药，年年知为谁生”表达对山河破碎的哀思。而“红药”一词，也由此透过纸面，展示了芍药独特的风采。而在诗文、书画以外，“红药”魅力也在中国工匠的技艺加持下，有了更多表达形式。

清乾隆洋彩御题诗芍药花口瓶造型尊贵典雅，线条起伏优美，瓶口和底足均制作十出花口，制作规整。尤为罕见者则是肩部与颈部随形皆作浅浮雕处理，使得纹饰立体感增强，上下层次过渡鲜明，构思巧妙，

清乾隆款珐琅彩芍药雉鸡图玉壶春瓶

为乾隆御窑上品佳器的典范。

其颈部以藕粉色釉为地，内以洋彩绘各式花卉纹样，使用了洋彩特有的圆状光点装饰，配以翻卷的枝蔓，洋溢出浓郁的巴洛克风格。外底通施松石绿釉为地，中心书矾红“大清乾隆年制”篆书方章款。腹部则以清透滋润的白釉为地，一侧绘嫣红、藕粉、雪白三树芍药花，周围点缀奇石仙芝，营造出一片清新雅逸之妙境；另一侧以墨彩隶书赞美芍药冷艳脱俗的御题七言律诗，笔力雄健，气度不凡，诗文为“秋水盈盈漾远空，芙蓉寂寞碧波中。难将冷艳供群赏，且趁寒晖放晚丛。绿盖光沉擎玉露，霓裳彩褪老金风。爱看三五踈星似，漫忆繁华十里红。”后落“乾隆御制”款及“乾”“隆”一朱一白连珠篆印，彰显其高贵的宫廷御制身份。

清光绪粉彩芍药花纹渣斗高9.5厘米，敞口，圆腹，圈足，器形小巧可爱。外壁以藕荷地粉彩为饰，其上绘芍药花卉，色彩鲜艳富贵，寓意吉祥。器身题“大雅斋”款识，后落“天地一家春”钤印。足底印“永庆长春”四字双行楷书款。大雅斋乃为慈禧太后于圆明园天地一家春的

清乾隆洋彩御题诗芍药花口瓶

清光绪粉彩芍药花纹渣斗

画室，亦为其私人堂款，故落此款识者当为慈禧所御用的官窑制器。据清宫史料记载，慈禧太后喜欢穿着紫色衣裳，紫色也是她喜爱的颜色。本件藏品在同类器形中当属精品之作，属晚清官窑的典范。

清光绪粉彩珊瑚红地折枝芍药菊花题诗笔筒高13厘米，呈广圆筒式，圆口，直壁，上下直径相若，圈足。口沿面饰金彩一圈，内施白釉。外壁罩珊瑚红釉为地，一面以粉彩釉绘折枝芍药、雏菊等花卉，花叶扶疏，一派花团锦簇的模样；另一面以釉上墨彩题书“含芳如有意，呈彩亦当时”五言诗句。诗文引首钤“永”单字朱文章；诗文后分别钤“四季”二字白文、“长春”二字朱文等上下两方章。底足施白釉，中心处署釉下青花“大清光绪年制”双行六字楷书双圈款。“含芳如有意，呈彩亦当时。”诗句源自晚明进士眭石所作《芍药》，原诗曰：“春色今方满，名花尔较迟。含芳如有意，呈彩亦当时。调鼎需仙液，挥毫停凤池。天工知不浅，一夜露华滋。”又据清人徐珂《清稗类钞》京师芍药条载：“京师芍药奇丽，其香较牡丹为蕴籍，花容细腻，则又过之，玉瓣千层，红丝一缕，殊艳绝也。”可知该笔筒所绘芍药当为京师芍药，盖取其奇丽艳绝，用以彰显皇家气派也。

清光绪粉彩珊瑚红地折枝芍药菊花题诗笔筒

清光绪粉彩芍药花纹杯

清光绪粉彩芍药花纹杯，直径8.5厘米，釉面细腻洁白，釉汁莹润透亮，外壁有一周折枝芍药纹饰，勾画婉转流畅，花朵或枝头绽放，或含苞待放，构图疏朗饱满，纹饰写实传神，充分借鉴国画的笔墨意韵，得其法度，勾、勒、点、染诸法，运用皆宜。线条粗细并用，彩料浓淡兼施，从而令画面具苍翠欲滴的意趣。本藏品所绘芍药风姿妍美，所以必定出自名家之手。杯底印“百二十畦芍药园所用”九字三行楷书款。此类款识在清朝瓷器同类器中实属少见，检阅目前各大收藏机构较少收藏，殊为珍罕。

纵观中国装饰纹样史，从动物纹到植物纹的主题转变，再到单一类别纹样绵延千年持续的衍变发展，体现了中华文明亘古不变的是对文化审美的精神追求。装饰纹样演变的历史，其实也是一个民族文化及审美特征变迁的历史。借助对芍药纹饰的探源、溯源，可以一窥中国本土文化在历史长河中的演变与发展，最终使得这一具有鲜明中国文化特征的传统花卉纹样成为装饰定式。此外，考察芍药纹饰的历史源流与范式衍变，为芍药这种传统名花的文化研究增加了浓墨重彩的一笔，对理解芍药在古代社会的历史地位与文化价值具有重要意义。

第二节　中西方芍药的绘画美学

从古至今、从国内到国外，芍药常常活跃于各种文学作品、绘画作品之中。古今中外画家笔下的芍药无不体现人们对其的喜爱，不失为芍药花文化的独特侧写。

一、中国芍药绘画美学

1. 唐　朝

唐朝很少有单独绘制芍药盛景或描绘芍药花形态的画作，但是在表现唐人生活起居的画作中，我们可以找到芍药的身影。

唐朝周昉绘制的粗绢本设色画《簪花仕女图》，描绘了唐朝时期春夏之交的一天，几位贵族女子赏花游园的场景。画中左起第一位女子发髻所簪的，就是芍药花。芍药花开的季节，天气不冷不热，特别适合出游，并簪花、赠花。

2. 宋　朝

在花鸟画盛行的宋朝，芍药常常是花鸟画中的主角。花鸟画是中国画中以花、鸟、虫、鱼等为描绘对象的画，其画法有“工笔”“写意”“兼工带写”三种。因芍药有富贵吉祥的意蕴，又有“花相”之称，所以其在花鸟画中也是作为一种高格调花卉出现的。《宣和画谱·花鸟叙论》中讲：“花之于牡丹芍药，禽之于鸾凤孔翠，必使之富贵。”北宋的徐崇嗣擅画花鸟，他所画之作不用墨笔勾勒，而直接以彩色晕染，称“没（mò）骨画”，也称“没骨花”。而芍药的一个别称即为“没骨花”，因为它茎秆柔弱无骨，最适合用国花“没骨画”的技法展现美感。北宋

周昉《簪花仕女图》（局部，真迹摹本）

宋人《芍药图》

的美术评论家董逌曾说："余常见驸马都尉王诜所收徐崇嗣没骨花图，其花则草芍药也。"《图画见闻志·近事·没骨图》中曾提到徐崇嗣画《芍药五本》："其画皆无笔墨，惟用五彩布成……"

3. 明　朝

明朝著名的吴门画派，以沈周、文徵明、唐寅和仇英四人为代表，自晚明之后成为中国传统绘画的主流。吴门画派四位代表中的三位都画过芍药。沈周的《芍药图》目前藏于上海博物馆。唐寅的《芍药图》扇面现藏于北京故宫博物院，图中一株芍药用没骨法绘成，枝叶秀丽，清淡优雅。

明朝画家仇英的画作《四相簪花图》，描绘的就是韩琦、王珪、王安石、陈升之四位名士簪花的场景。画中题文写道："韩魏公守广陵日，郡圃开金带围四枝，公选客具宴以赏之，时王圭为郡倅，王安石为幕官，皆在选中。尚缺其一公，谓今日有过客至，即使当之。暮报陈太傅升之

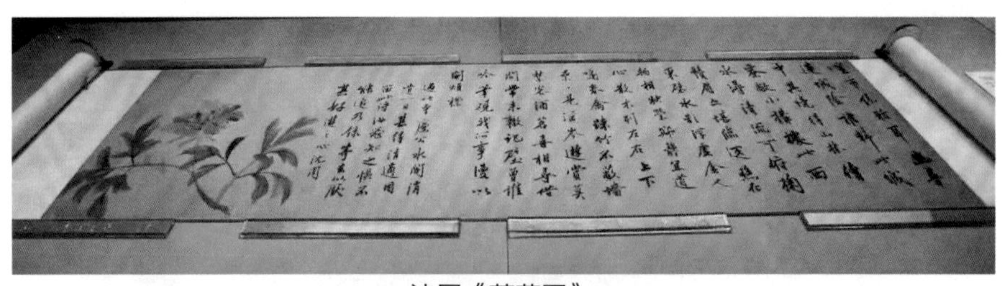

沈周《芍药图》

唐寅《芍药图》扇面

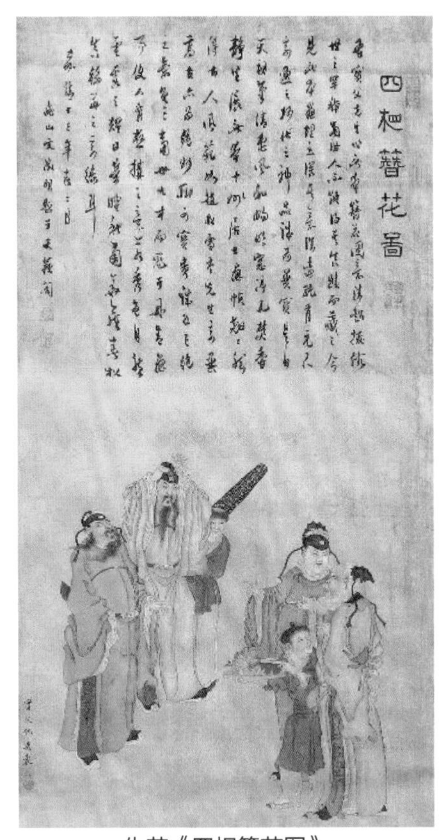

仇英《四相簪花图》

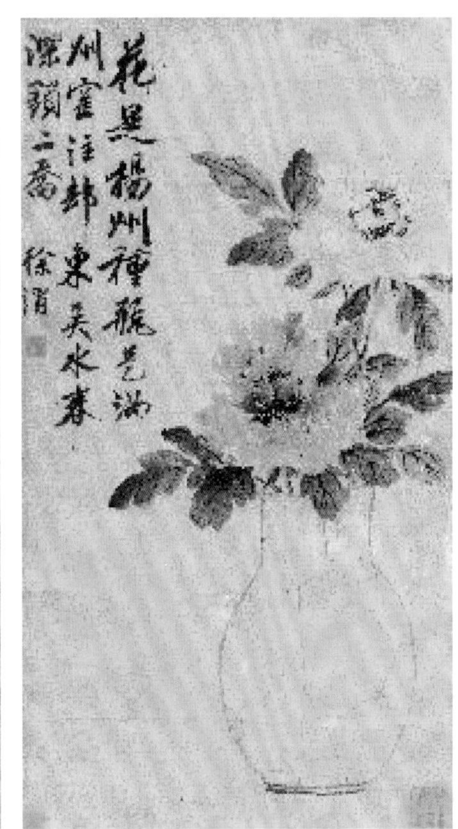

徐渭《花瓶图》

来，明日遂开宴，折花插赏，后四人出为首相。”正是前文提到的“四相簪花”的典故。

而吴门画派另一位画家——文徵明，虽没有芍药相关的绘画作品流传于世，但他曾作《禁中芍药》一诗：“仙姿绰约绛罗绅，何日移根傍紫宸。月露冷团金带重，天风香泛玉堂春。千年想见翻阶咏，一笑羞称近侍臣。不似人间易零落，上方元自隔凡尘。”他利用文字描绘出芍药的绰约之姿。

徐渭是中国泼墨大写意画派创始人，他画花卉最为出色，开创了一代画风，对后世画坛影响极大。他的《花瓶图》上有两株盛开的芍药插于瓷瓶之中，花朵柔美妩媚，叶子用水墨点成，不求形似但求神似，其上题诗：“花是扬州种，瓶是汝州窑。剪却东吴水，春深锁二乔。”扬州素有“芍药甲天下”之说，所以题画诗的第一句“花是扬州种”即点明花瓶里的是芍药花（而不是牡丹）。

八大山人《芍药图》

朱耷，号八大山人，他的花鸟以水墨写意为主，形象夸张奇特。他的《芍药图》笔墨精妙，抽象写意。上有题字："横经不数汉时笺，邵伯何如此日筵。分付好花珠玉裹，却教人待晚春天。花朝日读恪斋先生海棠诗作此。"怎么读到海棠诗，却画了芍药花？这个故事的经过颇为曲折，还得从《诗经》说起。

《诗经》有一篇《召南·甘棠》（召，这里读音为shào），通过对甘棠树的赞美和爱护，表达了对邵伯的颂扬怀念。原诗如下：

召南·甘棠

蔽芾甘棠，勿翦勿伐，召伯所茇。

蔽芾甘棠，勿翦勿败，召伯所憩。

蔽芾甘棠，勿翦勿拜，召伯所说。

白话译文：郁郁葱葱甘棠树，不剪不砍细养护，曾是邵伯居住处。郁郁葱葱甘棠树，不剪不毁细养护，曾是邵伯休息处。郁郁葱葱甘棠树，不剪不折细养护，曾是邵伯停歇处。

诗中提到的历史人物邵伯，姓姬名奭（shì），是周文王姬昌的庶长子，周武王姬发的兄长，曾辅佐周武王灭商。周天子把"召"这个地方作为他的封地，又因他比周武王年长，所以称他为邵伯或邵公[1]。相传邵伯南巡，曾在甘棠树下办公和休息，劝农教稼，民享其利。后人每思其人而不得见，只见甘棠树枝繁叶茂，不觉睹树思人。后来"甘棠"就成

① 在古汉语里，"召"是个通假字，与"邵"同字同音，邵伯即召伯。

为颂扬官吏政绩的典故。

西周时期，从未出现过与邵伯同名的地点，而如今的扬州市邵伯镇，其正式命名是在东晋时期，这与另外一位著名的历史人物——谢安有关。晋太元十一年（386年），谢安在扬州任职期间，在原城北面二十里的地方，建了一座新城，并修筑河堰用于灌溉民田。从此，西边高地不再旱，东边洼地不再涝。老百姓都非常感激他，将他比作西周的邵伯，遂将地名改为邵伯，以表纪念，其修建的河堰也被称为邵伯堰。至今，邵伯古镇仍然供奉着谢公祠与当时栽下的甘棠树，永远铭记着这位千古名臣。

再说回明末清初的八大山人。他读到海棠诗，想到“邵伯甘棠”之句，由“邵伯甘棠”联想到扬州的“邵伯堰”，又由扬州想到芍药，而扬州芍药自宋朝以来就名闻天下，栽培者盛，因而他有感而发，画了芍药。这就是读了海棠诗却画了芍药图背后的曲折故事。

4. 清　朝

到了清朝，芍药题材的绘画作品就更多了。其中最为著名的要数清初著名画家恽寿平所画的芍药。恽寿平画花鸟采用的没骨画法曾风靡一时，他又糅合了黄筌、徐崇嗣两家的精髓，重视形象写生，“以花传神”。他的画法是一种“点花粉笔点脂，点后复以染笔足之”的体貌，方薰认为这是“前人未传此法，是其独造”的新风貌。他的画融工笔与写意之精华为一体，既有工笔画逼真的形态，更具写意画的传神。他所作的《五色芍药图》现在由美国克利夫兰艺术博物馆收藏。画上采用深浅相异的色彩绘制了五朵颜色各异的芍药，红白粉紫的花朵配以绿叶，色彩丰富，充分展现了芍药的风姿秀色。这幅《五色芍药图》是其存世较少的大幅画作中的精品。

李鱓（shàn）是扬州八怪之一，擅画花卉、竹石、松柏，他曾多次画过芍药，其作品有《红芍药》《芍药图轴》《芍药小雀图》等。其中《红芍药》上画两朵盛开的红色芍药，色彩艳丽，一朵亭亭玉立，一朵花头下垂，娇艳欲滴。其上题诗：“头白为郎事已迟，闲居滋味也如斯。廿

恽寿平《五色芍药图》

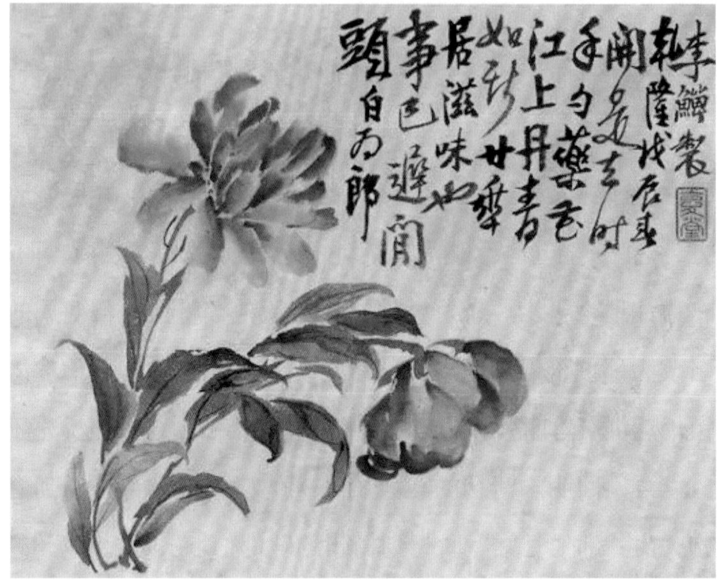
李鱓《红芍药》

年江上丹青手，勺药花开是去时。”借殿春而开的芍药来感慨光阴流逝，表达自己年事已高却壮志未酬的心境。

《芍药图轴》上画两枝折枝芍药，一枝盛开，一枝半绽，两支芍药互相呼应，构图呈“S”形，顾盼生姿，婀娜妩媚。

《芍药小雀图》上画两丛芍药，一丛位于画面下方，一丛从画面一侧半探而出，笔法写意；还有一只麻雀立于芍药之上，生动活泼，给画面平添了几分趣味。

上文提到明朝吴门四家中的仇英曾画过《四相簪花图》，而清朝扬州八怪中的黄慎也多次以这一历史典故为题材作画。目前，有多幅黄慎的《韩琦簪花图》流传于世，分别保存在故宫博物院、南京博物馆、广州博物馆等处。其中最为著名的是《韩魏公簪金带围图》，现在藏于扬州博物馆。其用笔迅疾，设色自如，具有明显的黄慎晚期作品风格，右上署“乾魏公簪金带围图乾隆十九年春日正月 瘿瓢子慎写”，钤白文方印“黄慎”，朱文方印“瘿瓢”，极为难得。“瘿（yǐng）瓢子”是黄慎的号，据说他常年随身带着一个水瓢，当作笔洗子，是用树瘿制成的。在这幅画中，韩魏公韩琦正手执“金带围”芍药簪于头上，旁边还有侍

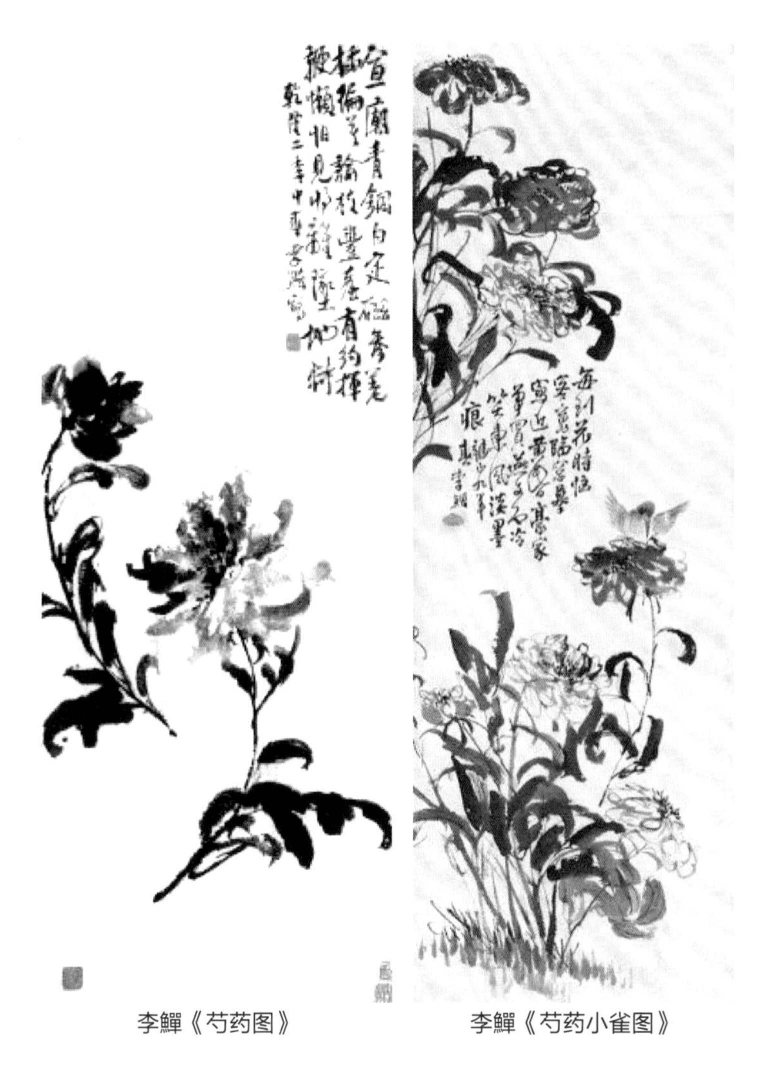

李鱓《芍药图》　　李鱓《芍药小雀图》

女两人，一个执酒壶，一个执酒樽，人物造型生动传神，神态端庄自然，线条流畅。

清初院画的名家王武也曾绘制过《芍药图》。王武，字勤中，晚号忘庵，又号雪颠道人，明朝画家王鏊六世孙，精鉴赏，擅诗文，富收藏，擅画花鸟，风格工整秀丽。他传世作品有《水仙柏石图》《红杏白鸽图》《鸳鸯白鹭图》等。这件《芍药图》无疑是其又一佳作，今收藏于天水市博物馆内。这件作品纵98厘米、横41.2厘米，为绢质，以工笔设色绘成。图中绘芍药数株掩映于太湖石前后。这幅画中的芍药高低错落，风姿绰约，花叶以淡墨勾勒后又通过渲染表现叶的阴阳相背。花的形态或盛放，或半放，或昂首，或低头，而花色或白，或粉，或红，或蓝，皆生机盎

黄慎《韩魏公簪金带围图》

王武《芍药图》立轴

然。花间掩映的太湖石用积墨的明暗突出石体的嶙峋剔透之态，石上用石青点苔，平添了几分清丽。整个画面设色细洁光润，明快雅致，在绢色的衬托下又显得精巧传神，既有自然之姿，又似娴雅美人仪态万千。画面左上角题诗一首：“红紫天机总未分，眼尘何处不纷纭。春来药圃花如锦，绝胜瑶池五色云。”

郎世宁《芍药图》

郎世宁是清朝的宫廷画家，他是意大利人，作为修道士来中国传教，在中国从事绘画工作50多年，他将中西方的绘画手法相结合，创造出一种新画法，深受皇帝的喜爱。他的《仙萼长春图册》共十六幅，共画有二十一种花卉，其中第三幅画的是芍药。画面中的几株芍药姿态各异，既写实又写意，雍容富贵又妩媚多姿。

5. 近　代

不仅古代画家爱画芍药，近代画家也不例外。

“后海派”代表人物吴昌硕也曾经画过芍药。吴昌硕为浙江省孝丰县人，是晚清民国时期著名国画家、书法家、篆刻家，曾任杭州西泠印社首任社长，与厉良玉、赵之谦并称“新浙派”的三位代表人物，与任伯年、蒲华、虚谷合称为“清末海派四大家”。他集诗、书、画、印为一身，融金石书画为一炉，被誉为“石鼓篆书第一人”“文人画最后的高

吴昌硕芍药画作

峰”。他在绘画、书法、篆刻上都是旗帜性人物，在诗文、金石等方面均有很高的造诣。

吴昌硕的绘画作品集诗、书、画于一体，别具一格。他笔下的芍药叶脉如写篆书，红花墨叶，笔笔中锋，融书法与绘画为一体，有浑然天成的气派。其画中芍药笔墨坚挺，气魄厚重，色彩浓郁，结构突出，一笔一画，一枝一叶，无不精神饱满，有金石气。

我们熟知的中国国画大师齐白石也曾画过芍药，虽然其流传花卉作品中以象征富贵的牡丹形象居多，但是其芍药作品亦不输于前者。我们可以从齐白石曾作的两幅芍药画中，一窥其画作风格的变化。早期所作的《芍药飞蛾》神形兼备，“红花墨叶”派的画法从墨彩深浅、浓淡的特点，精准表现出了芍药花瓣的质感。笔力功夫纯熟，准确神似。赋色上鲜艳泼辣，一抹洋红，明快浑厚，旁边的飞蛾也相映成趣。而在晚期所作的《芍药图》，则和他生命最后一年所绘的名作《牡丹图》一样，风格千变万化，

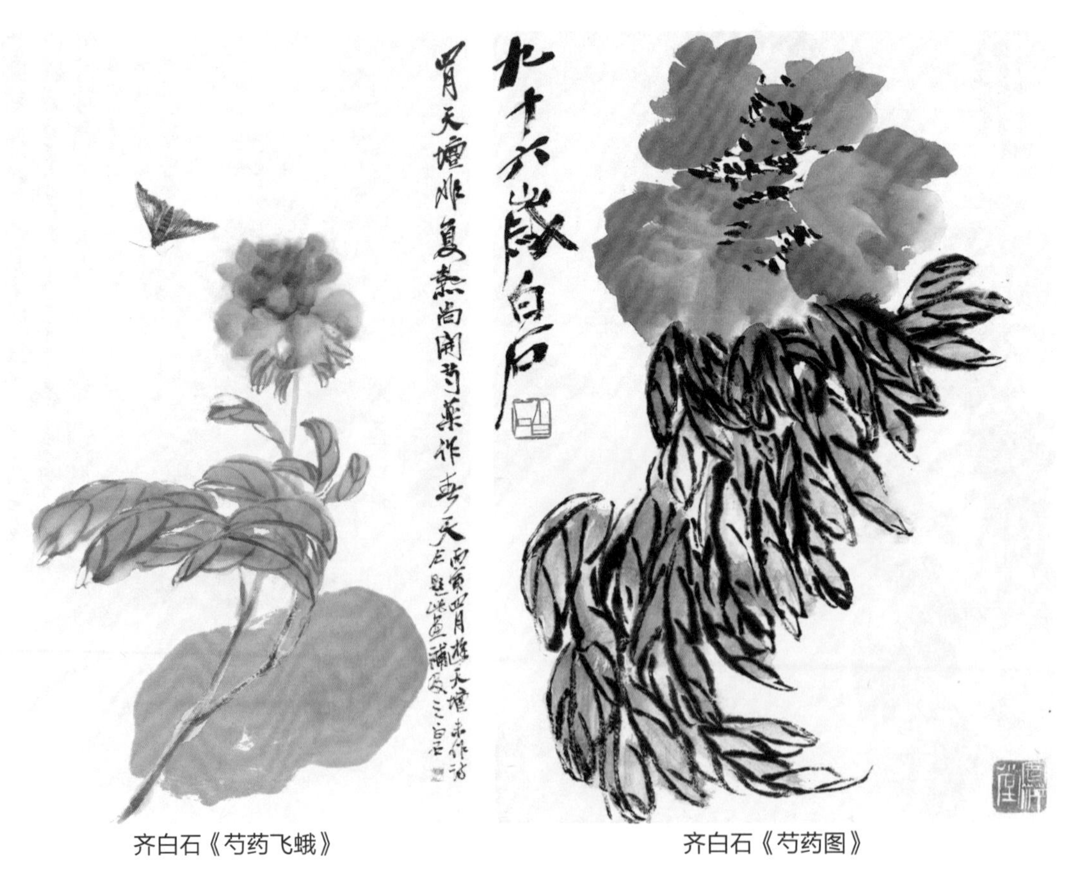

齐白石《芍药飞蛾》　　齐白石《芍药图》

作品之构图、色彩、挥笔、运墨已从有法到无法，随心所欲作画，手法极为造化传神。此幅《芍药图》花叶丰满，浑然一体，与从前枝叶分开的画法不同，显然已臻难得糊涂、返璞归真之高度，雍容大度，墨色无碍，自在无法，体现着一种完全达于自由的生命境界。

张大千为四川内江人，1899年出生于四川省内江市市中区城郊安良里的一个书香门第的家庭，中国泼墨画家，书法家。20世纪50年代，张大千游历世界，获得巨大的国际声誉，被西方艺坛赞为“东方之笔”，又被称为“临摹天下名画最多的画家”。国画大师张大千曾多次画过芍药，

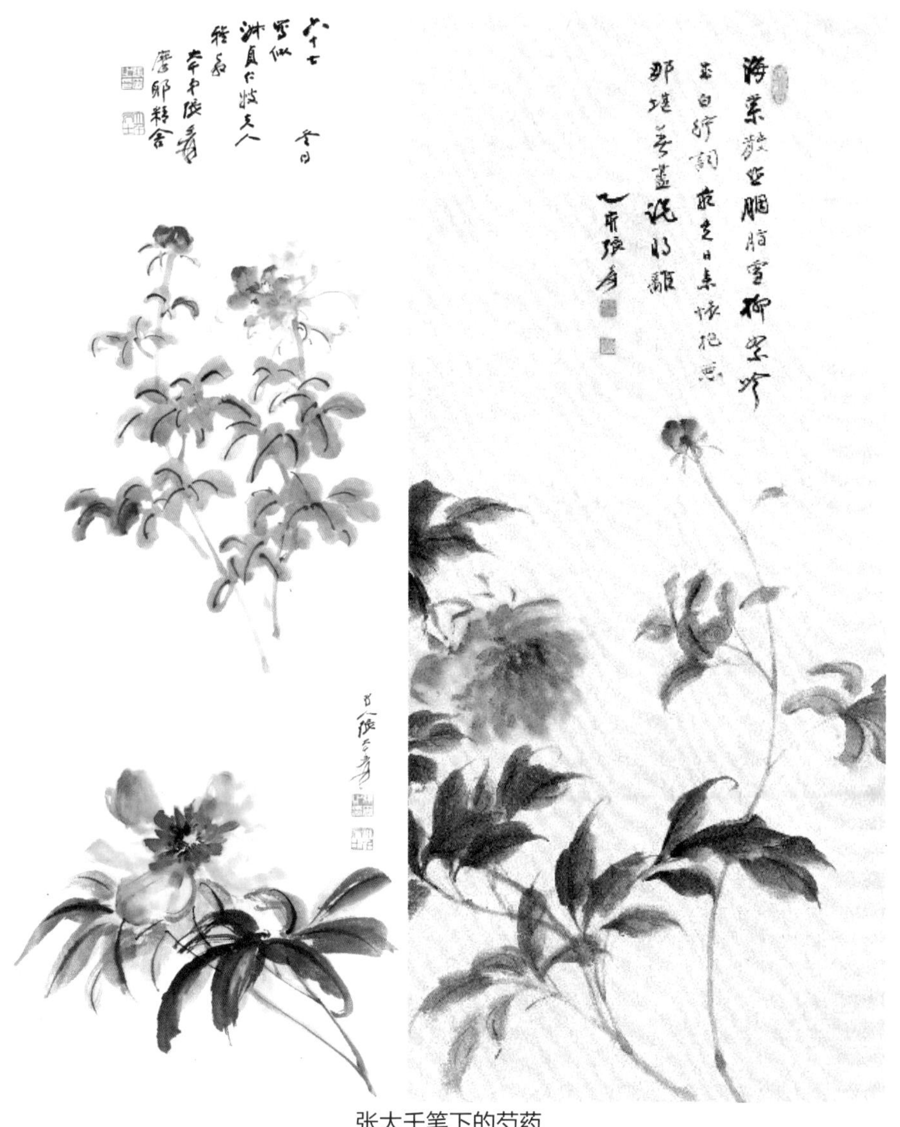

张大千笔下的芍药

他笔下的芍药娇艳妩媚，含羞带情，犹如风情万种的女子。

除男性画家外，民国六大“新女性”画家之一的方君璧也有多幅芍药图流传于世。方君璧是中国20世纪初为数不多的优秀女性画家之一，她1898年生于福建福州，1912年随胞姐方君瑛等留学法国。在寄宿学校学习法文课程之余，她有幸得到蔡元培、汪精卫二位先生的教导，之后以优异成绩考入赫赫有名的巴黎国立高等美术学院（徐悲鸿、吴冠中、林风眠等美术大师也曾在此就读）。在巴黎期间，其作品《吹笛女》作为中国第一位女性画家的作品入选“巴黎美术展览会”。1984年巴黎博物馆为她举办了“方君璧从艺六十年回顾展”，给予这位在巴黎起步的东方女画家的才华以充分的肯定。她也就此开创了中国美术史上的两个第一：

方君璧芍药画作

她既是第一个考入国立巴黎高等美术学院的中国女学生，也是第一位参加巴黎春季沙龙的中国女画家。作为民国时期出色的女画家，方君璧的芍药图颇具中西合璧的个人创作特色和艺术风格。

二、西方芍药绘画美学

欧洲最早表现芍药的画作诞生于文艺复兴早期，画面中仍然以宗教内容作为主题，花卉作为背景或暗喻点缀其中，如德国画家马丁·松高尔作于1473年的《玫瑰园中的玛利亚》。画中玛利亚身后可见一个由树条搭建的花架，上面攀爬着玫瑰。芍药位于画面左侧，玛利亚身旁。其红色的花瓣厚实繁多，具备欧洲芍药的特征。也有人认为，画中芍药兼具中式牡丹的华贵，这是由于芍药图像已经沿丝绸之路传入欧洲，并融入了文艺复兴时期的绘画风格，故其体现了与中式牡丹结合之后的图像。不仅如此，花架及鸟的形态显然也可以追溯到中国园林与花鸟画中，因此该作品被认为是中西绘画风格融合的一个例证。松高尔画中的欧洲芍药花朵硕大，花叶肥厚，色彩浓郁，散发出华丽、富贵和奢华气息，赋

马丁·松高尔《玫瑰园中的玛利亚》（右侧图为细节放大图）

予玛利亚一种皇家气派。

欧洲在12世纪时，开始栽培南欧原产的荷兰芍药（*Paeonia officinalis*），培育出一些园艺品种，15世纪出现重瓣品种。19世纪初，中国芍药优良品种被引入欧洲，正是荷兰著名后印象派画家文森特·梵高所处的时期。他画过很多不同的花卉静物。除了我们熟知的向日葵，他也曾画过静物芍药，这幅后印象主义风格的油画完成于1886年，此时他与弟弟提奥在法国巴黎同住。

以文森特·梵高、保罗·高更为代表的后印象主义风格的画作是以科学的方法作画，但是它的光色却表达出人类内心的一种主观情感，也就是表达画家对客观世界的主观感受。同样是文森特·梵高在1886年完成的作品《罂粟、矢车菊、芍药与菊花的花瓶》，图画中四种花卉交相辉映，色彩丰富，为我们呈现了一幅热闹且具有活力的图景。

一些学者认为，芍药在西方的真正流行始于法国。现在的许多芍药品种名中，仍能看到大量品种以法国贵族名字命名。当芍药开始流行之后，在欧洲文化氛围最为浓厚的法国，很多画家都开始将其作为描绘对象，这其中就包括伟大艺术家皮埃尔·雷诺阿和亨利·方丹·拉图尔。芍药明丽的色彩和繁复的花形与油画的浓墨重彩相得益彰，因此广受抽象主义画家的青睐。

19世纪下半叶，唯美主义在英国盛行，运动最初从文学领域开始，而后拓展到绘画领域中，提倡“为艺术而艺术”，“美”才是艺术的本质。唯美主义绘画追求形式上的纯粹美感，结合古典主义绘画手法，画面柔和梦幻。代表画家查尔斯·爱德华·佩鲁吉尼的大部分画作都是唯美主义的随笔，展现穿着优雅的女性和鲜花。《芍药》是意大利艺术家查尔斯·爱德华·佩鲁吉尼于1887年所绘，整幅画作色彩柔和，风格唯美，粉红色调的芍药置于画作最前、最显眼的区域，饱满、鲜艳、富有生命力。人物服饰与芍药花叶颜色相同，红绿两种颜色相互衬托，红色的头发、肉色完美无瑕的肌肤、修长的脖颈，以及阳光从右上方微微打下的光线处理，让靠

文森特 · 梵高笔下的芍药

文森特 · 梵高《罂粟、矢车菊、芍药与菊花的花瓶》

皮埃尔 · 雷诺阿笔下的芍药

亨利 · 方丹 · 拉图尔笔下的芍药

近的观赏者会产生一种不知道应该看花还是看人的慌乱，只好把距离拉远，让人物和花重新融合，尽情欣赏二者融为一体的优雅与唯美。

德国表现主义画家埃米尔 · 诺尔德的花卉作品中也出现了芍药的身影。当他携妻子搬到石勒苏益格-荷尔斯泰因州时，他们立刻就被当地色彩斑斓的花园美景迷住了。黄色的金光菊、珠宝般光彩照人的大丽花，以及大朵大朵亮粉色的玫瑰花，为埃米尔 · 诺尔德的绘画带去了巨大的改变。正是从这时开始，他开始绘制数量众多的花卉油画，通过强烈的笔触和饱含情感的色彩，完美地展现了当代花园之美。1936年绘制的这幅《芍药与蝴蝶兰》中，大片的芍药花和成丛的蝴蝶兰，配合花园背景中的鸢尾等植物，在埃米尔·诺尔德的画作中展现了少有的宁静与生机。

查尔斯·爱德华·佩鲁吉尼画作《芍药》

埃米尔·诺尔德《芍药与蝴蝶兰》

第七章
西方芍药花文化

第一节　古希腊的草药女皇

芍药早在古希腊神话中就已经出现，它的学名为*Paeonia lactiflora*虽说是在1776年由帕拉斯（Pallas）命名，但他的英文名字peony其实来源于希腊神话中的名医，治疗之神阿斯克勒庇俄斯（Asclepius）的学生佩恩（Paeon）。

在古希腊神话中，芍药被赋予了治愈与慈悲的意味，并在史诗般的神灵之战中起到关键作用。希腊神话中的英雄赫拉克勒斯（Hercules）和冥界之神哈迪斯（Hades）发生大战时，赫拉克勒斯设法用箭射中了哈迪斯的肩膀。哈迪斯受伤后便隐退到奥林匹斯山，因为寻不到治疗之神阿斯克勒庇俄斯，便请了一位学生帮助他，这恰好就是才华横溢的佩恩。佩恩用一种新的药草治愈了身受重伤的神灵，那是一朵生长在奥林匹斯山上的美丽花朵，也就是后来的芍药花。根据神话记载，这种特殊的植物是生育女神莱托（Leto）告诉佩恩的，它只生长在奥林匹斯山的山坡上。在佩恩的研究下，他还发现芍药花有助于缓解分娩的痛苦，用于治疗古希腊的孕妇。佩恩不仅成功地救治了神灵，还发现了芍药花新的治疗作用，他的事迹在众神间流传，他成为众神的医生。但没想到，佩恩在希腊的神界，也同样无法逃脱“木秀于林风必摧之”的命运。成名后的佩恩，遭到他的老师阿斯克勒庇俄斯的嫉妒。阿斯克勒庇俄斯不允许自己“治疗之神”的称号被别人夺走，于是设计害死了佩恩。曾被佩恩救助过的冥界之神哈迪斯，看到救命恩人惨死非常难过，于是借助神力把他变成了芍药花，并将芍药花命名为Paeon。从此，佩恩就以芍药花的形象长存世间，治病救人，流芳百世。

佩恩

在古希腊荷马创作的史诗《奥德赛》中，曾这样描述埃及：

There the earth, the giver of grain, bears greatest store of drugs, many that are healing when mixed, and many that are baneful; there every man is a physician, wise above human kind; for they are of the race of Paeeon.

翻译一下上面的内容：在这里，土地里蕴藏着大量的药物，许多药物混合在一起可以治愈疾病，或者毒死人；在这里，每个人都是医生，比一般的人类更聪明，因为他们属于佩恩族。

不知您发现没有，荷马史诗中Paeeon的拼写，与Paeon相似但不完全一样。事实上，在西方文献里，这个词的写法有好多种，类似的写法还有Paean、Paion、Paeëon、Paieon。但无论怎么变化，其读音基本不变。您是不是发现，佩恩这个词的发音和字母组成，都和英语的Pain（疼痛）一词极为相似。或者说，英文Pain（疼痛）一词，是来源于这个希腊药神佩恩的名字。

在古老的希腊神话中，佩恩也曾经是太阳神阿波罗（Apollo）的绰号，人们相信阿波罗是既能传播疾病、也能治愈疾病的神。他曾用弓箭将瘟疫带到希腊营地；也曾在特洛伊战争中，救助过赫克托的伤病。上文提到的佩恩的老师、医神阿斯克勒庇俄斯就是阿波罗的儿子，他遗传了父亲强大的治愈能力，后来又跟随半人马座学习医术，其医术水平达到了能够使人起死回生的地步。这导致了宙斯的不满，他担心阿斯克勒庇俄斯将起死回生的方法教给人类，让人类也和神一样永生，于是就用雷电杀死了他。

佩丹尼乌斯·迪奥斯科里德斯

古希腊医学家佩丹尼乌斯·迪奥斯科里德斯于公元1世纪写下的《论

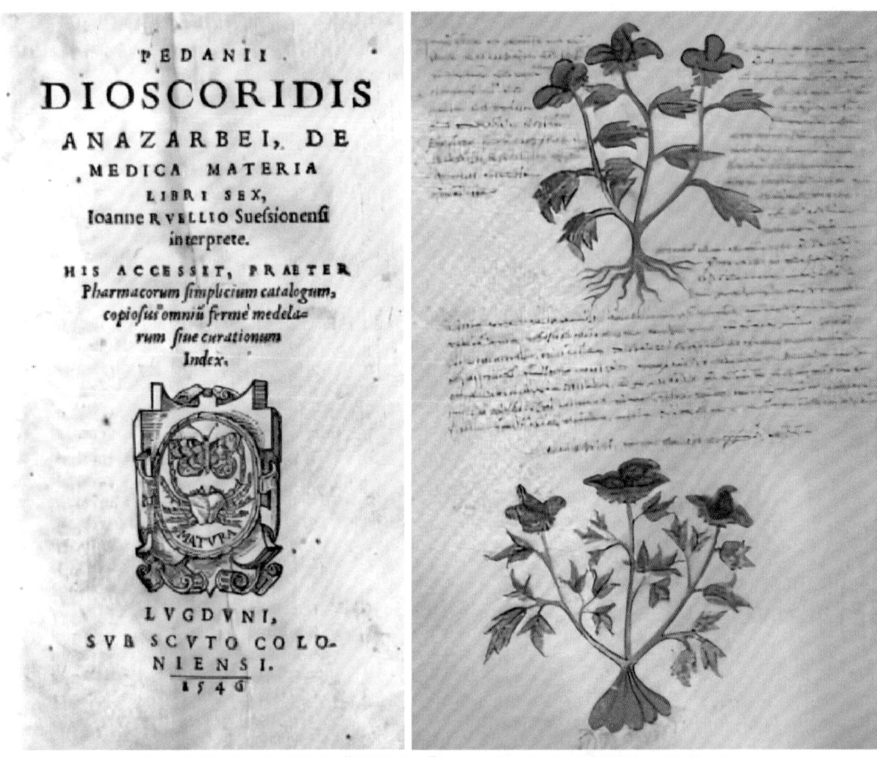
PEDANII DIOSCORIDIS ANAZARBEI, DE MEDICA MATERIA LIBRI SEX, Ioanne RVELLIO Suessionensi interprete.

HIS ACCESSIT, PRAETER Pharmacorum simplicium catalogum, copiosus omniū fermè medelarum siue curationum Index.

LVGDVNI, SVB SCVTO COLONIENSI. 1546

迪奥斯科里德斯的《论药物》封面与书中介绍的 2 种芍药
巴尔干半岛芍药（右上）、荷兰芍药（右下）

药物》（*De Materia Medica*）中，记录了巴尔干半岛芍药（*Paeonia mascula*）和荷兰芍药（*P. officinalis*）在野生状态下的外部形态。他认为这两种芍药对一些妇女疾病和外伤具有良效，因此称它们为“女科之花”。

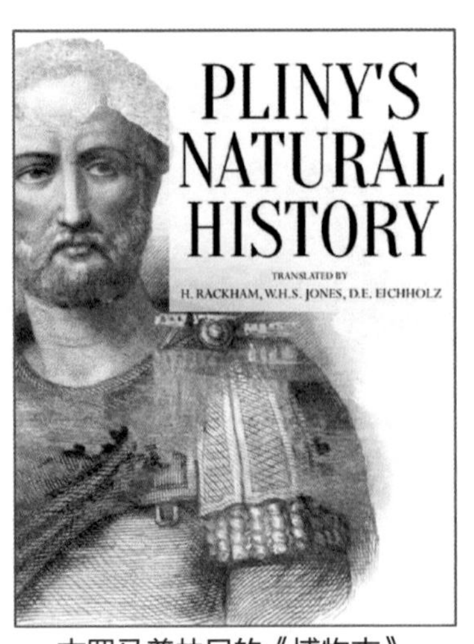

古罗马普林尼的《博物志》

约公元77年，古罗马学者普林尼在其巨著《博物志》（*Nature History*）一书中，首次详细地描述了芍药的植株和种子的形态，并列出了芍药可以治疗的20种疾病。

公元4世纪，阿普雷乌斯（Pseudo-Apuleius）手绘过一本《植物标本室》（*Herbarium*），这是一本广泛流传于欧洲的草药集录，直到12世纪，它一直是欧洲最有影响力的草药治疗指南，因而现代有大量抄本幸存。在其手绘稿中，绘制了医生用芍药枝条束缚以治疗狂躁的病人以及给患有“坐骨神经痛”的病人开芍药根治病的场景。

阿普雷乌斯手稿的原文如下：

> *For lunatics: If the herb peony is applied to a lunatic who has fallen sick, immediately s/he will get up, as if cured; and if s/he has it with her, s/he will never be afflicted.*
>
> *For those afflicted with sciatica: The root of the herb peony: bind a part with a linen thread; attach it to the person who is afflicted. It is the most salutary thing.*

由医神化身的芍药，在古希腊一直被认为是重要的治愈植物，拥有“草药女皇”的美誉。欧洲很多地方，人们认为芍药具有魔力，凡有芍药生长的地方，恶魔都会消失得无影无踪。至今在瑞士当孩子生病抽搐时，大人还会给孩子戴上用77片芍药叶子扎成的花环，保佑孩子早日康复。

MEDIEVAL MEDICINE

用芍药根治疗坐骨神经痛的患者

用芍药枝条治疗狂躁的病人

第二节　五旬节的“玫瑰”

对西方影响深远的天主教，有一个重大节日，名为五旬节，又称为圣灵降临节、圣神降临瞻礼，据说从3世纪末就开始有对此节日的庆祝活动。《新约圣经》中记载耶稣复活后第40天升天，第50天“差遣”圣神降临。因此，每年复活节后第50日为“圣神降临节”，又称“五旬节”，是天主教中仅次于复活节的节日。

五旬节通常在每年5月10日至6月13日，这正是芍药花盛开的时候。传说耶稣经过加利利地区时，有位名叫玛格达莱娜（Magdalena）的母亲想追随耶稣，传教济世，但由于她已婚并育有孩子，直到耶稣离开也只能一直待在家里，并没有成为耶稣的门徒。当玛格达莱娜得知耶稣在十字架上的死讯，她痛苦地走到屋后的玫瑰园里，独自一人痛哭流涕。突然间，她听到美妙乐声，心也变得轻快起来。随着乐声越来越近，有位门徒站在玫瑰园前，为她带来了消息：耶稣已经复活并上了天堂。玛格达莱娜听到后感到不可思议，在擦拭了自己的眼泪后她望向了眼前盛开的玫瑰。这时，玫瑰园里竟然满是没有刺的玫瑰——它们都变成了芍药花。她惊呆了，再也无法掩饰自己的兴奋和快乐。于是她跑到街上，向她的邻居们喊道：“上帝带走了荆棘，悲伤变成了欢乐。”耶稣复活，圣灵降临，芍药也因此在德语中被叫作Pfingstrose，也就是“五旬节玫瑰”。

芍药在天主教中又被认为是圣母玛利亚之花，这在很多宗教作品中都有体现。自中世纪晚期以来，圣母玛丽亚的花卉象征主要为芍药和百合花。白色百合象征着童贞，而芍药花则是“无刺玫瑰”，象征着圣母无尽的仁慈、虔诚。芍药因此也与救赎、奉献、母爱、美丽和承诺等优秀的品格紧密联系在一起。

圣母玛利亚与芍药

第三节　塞尔维亚的太阳神

在欧洲东南部巴尔干半岛中部有一个叫塞尔维亚的国家，这里的野生芍药资源十分丰富，国家自2010年起还开展了自然保护研究项目“The protection of peonies' habitats in Serbia”，对国内野生芍药类群的分布和居群状况进行了监测研究，其中欧洲芍药主要分布在塞尔维亚东部和科索沃，具有一定数量且稳定的居群。芍药不仅作为一种重要的种质资源得到塞尔维亚人的重视，更作为一个文化符号对塞尔维亚有着深远的影响。

芍药在巴尔干半岛的民间信仰中有着非常显著的地位，存在和流传于塞尔维亚民间的诗歌、歌曲和故事中。在塞尔维亚—克罗地亚语中，芍药为“Božur”（bog=god；žur=sun），可以看出芍药与太阳有着一定的联系，神话中讲述芍药的起源也带有着神圣的意味。据说在恶魔撒旦追赶虚弱的太阳时，为了避免撒旦发现太阳璀璨的光芒，太阳便逃到了塞尔维亚东部的某个山脉中。随着山体的合拢，太阳变得越来越小，缩小到芍药花朵大小，最终只留下了藏着太阳的芍药花，花瓣深红，花蕊明黄。而在塞尔维亚民间，人们更是把芍药当作受人尊敬的象征性植物，以纪念1389年6月28日的科索沃战役。在这场战役中，塞尔维亚和波斯尼亚联军在科索沃战场被土耳其入侵军打败，从此塞尔维亚就沦为土耳其的统治地。这一天被称为“维多夫丹日（Vidovdan）”，意为国耻日，按宗教习惯称为圣维多日。在圣维多日前夕，每一个动身前往科索沃的人都要带一束鲜红如血的芍药花，以纪念在科索沃战场上牺牲的不屈灵魂。

塞尔维亚的民族服饰是其文化遗产中最有价值和美丽的创造品之一，他们精美的服饰工艺除了用到植物染色、亚麻编织、呢绒针织等工艺，最出挑的要数刺绣。在巴尔干半岛中部地区刺绣图案是自由的，但妇女

巴尔干半岛中部地区的芍药刺绣

塞尔维亚头巾（左）和袜子（右）上带有芍药的图样

娜代日达·彼得罗维奇《红芍药》

2022 年冬奥会作品《奥林匹克艺术之花》中代表塞尔维亚的芍药花

们通常选择各种形状的几何形状或特色的花卉来进行刺绣，芍药花是颇受欢迎的题材。在摩拉维亚的民间服饰中，女士背心多以芍药或牡丹的大花为刺绣图案，主要以红色为主，有时是黑色。不仅是衣服，塞尔维亚的头巾、腰带和袜子等配饰上也都有芍药图案。由此可见，芍药在塞尔维亚人民的生活中无处不在，密不可分。

塞尔维亚的诗人、画家等艺术工作者也以多种形式通过芍药意象来表达自己的感情，其中著名的作品有娜代日达·彼得罗维奇的画作《红芍药》。为庆祝2022年冬奥会在中国举办，中国60余名画家历时3个月创作完成了一套名为《奥林匹克艺术之花》的绘画作品，为国际奥委会206个成员国和地区绘制了“花谱全家福”，其中代表塞尔维亚的是一幅芍药花。可见，芍药已成为塞尔维亚的象征之一。

第四节　名画中的圣母化身

在欧洲文艺复兴的绘画作品中，经常能看到芍药的身影。1484年，英格兰出现了第一幅芍药木刻版画。在都铎王朝（1485—1603年）时期，芍药花被公认为“典雅时尚，种植广泛，深受喜爱”。在莎士比亚的早期

板面油画《伊甸园中的花园》

喜剧《驯悍记》中，提到美丽的芍药花，大文豪这样写道："那镶满芍药与百合的堤岸……"，说明芍药花在当时是颇受欢迎的。

一幅于1410—1420年创作的板面油画《伊甸园中的花园》（*The Little Garden of Paradise*），是已知最早表现芍药的欧洲油画。这幅画的最下面正中有一丛红色芍药，象征高贵和典雅，是天堂之花，也成为圣母玛利亚身份的象征。

德国画家马丁·松高尔于1473年创造了一幅《玫瑰丛中的圣母》（*Madonna of the Rose Bower*），画面中圣母玛利亚身穿一袭红色长袍，身后可见一个由树条搭建的花架，其上攀爬着玫瑰。在画面左侧，位于玛利亚身旁，有一丛红色花瓣的芍药花，与圣母的红袍互相映衬。据德国植物学专著《植物的象征》所述，这幅画作中圣母身旁的花园里盛开的芍药花，就是圣母的化身。

另一位德国文艺复兴艺术家，马蒂亚斯·格吕内瓦尔德于1516年创作的代表性画作《斯图帕奇圣母》（*The Stuppach Madonna*）中，前景有

《玫瑰丛中的圣母》

《斯图帕奇圣母》

一个花瓶，插着红白两种花卉。白色高大的为百合，红色低矮的是芍药花。圣洁的百合与热烈的芍药都和圣母同框，寓意着圣洁的玛利亚有着一颗慈悲且炽热的心。

19世纪初，中国芍药优良的品种被引入欧洲，引发了欧洲民众对芍药的追捧，芍药花在贵族生活圈日益流行。在欧洲文化艺术氛围最浓厚

雷诺阿笔下的芍药

马奈笔下的芍药

的法国，很多画家开始将其作为描绘的对象，这其中包括伟大的艺术家奥古斯特·雷诺阿、爱杜尔·马奈、亨利·方丹·拉图尔等，还有19世纪法国著名艺术家文森特·梵高，也曾创作多幅芍药花作品。不仅是欧洲，美国画家威廉·梅里特·切斯也曾将芍药作为自己的创作对象。

亨利·方丹·拉图尔笔下的芍药

文森特·梵高笔下的芍药

威廉·梅里特·切斯笔下的芍药

第五节　婚礼之花

芍药花在五月集中开放，西方人喜欢将五月称为“结婚月（wedding month）”。这个渊源可以追溯到欧亨利写过的一篇短篇小说，名字叫《五月是个结婚月》。只从中文翻译的书名里，读者是看不出任何玄机的。但如果看一下它的英文书名——*The Marry Month of May*，读者就会恍然大悟，原来“marry（结婚）”和“may（五月）”，这两个英文单词是如此相似，就差了一个字母“r”。这应该算是欧亨利玩的一个“谐音梗”了。从此以后，人们就喜欢将五月和结婚联系起来，而此时正好是芍药盛开的季节，它也就顺理成章地成为“结婚月”的主角，被称为“wedding flower”。

这里插一句，欧亨利的这个“谐音梗”，其实也是受到更早的一位欧洲诗人的启发。他叫托马斯·德克尔，是英国伊丽莎白时代的剧作家。他在1599创作的戏剧《鞋匠的假期》中写过一首诗，名为*The Merry Month of May*，中文翻译为《五月的快乐月》，这首诗的内容是一位男士对所爱之人的真挚表白，这与芍药所承载的“爱情”寓意不谋而合。欧亨利的那部小说和这首诗的名字，就差了一个字母，即“merry（快乐）”被欧亨利改为“marry（结婚）”。

每到五月芍药盛开的季节，新人们纷纷选择花色艳丽、花型丰富、气味芳香的芍药品种装点婚礼。它既可以作为新娘捧花、新郎胸花，也

芍药在西式婚礼中的应用

可以用于花车、桌花、蛋糕装饰等不同位置的布置。重瓣性高的品种更是婚礼现场花瓣雨的主角，用于祝福新人婚姻美满。

另外，在西方，五月还有两个重要的日子。一个是母亲节（五月第二个星期日），另一个是美国阵亡将士纪念日（五月最后一个星期一）。芍药因为花开逢时，就被当作“母亲节之花”“纪念日之花”，象征着慈爱与正义。

第八章
芍药的品种美

第一节　白色芍药的纯净之美

明朝冯时可的《白芍药》载："庭前丽草日初曛，姑射肌肤兰麝芬。减却铅华都不御，春心一片淡如云。"春日融融，白色芍药光鲜如玉，在一众繁丽浓艳中脱颖而出，遗世独立，清新高雅。白色芍药当得起这样的赞美。

白色芍药洗净铅华的样子让人感到洁净、纯真与永恒。成片的白色芍药远远看去就像一堆雪，一股泉。有个国产芍药品种叫'仙鹤白'，花梗硬挺，花量繁多，花瓣洁白阔大，如群鹤翩翩起舞，美不胜收。不但如此，白色芍药不争奇斗艳的特质也使得它们在园林中与其他植物能完美和谐共处。

西方婚礼上也常出现白色芍药花，作为新娘的手捧花或装饰，向神表示纯洁和真诚。在芍药花盛开的5月（更寒冷的地区在6月盛开），西方人将芍药花束佩戴在新娘身上，娇花映人面，也是一种对新人婚姻生活幸福美满的祝愿。芍药洁白、纯净的颜色和质感与教堂肃穆神圣的气氛十分搭配。通往圣坛的阶梯顶端，或是神圣的十字架之下，都摆放有芍药花的瓶插。

一、‘杨妃出浴’（'Yangfei Chuyu'）[①]

‘杨妃出浴’是国产芍药中一种极好的切花芍药，其颜值丝毫不输近年火热起来的进口芍药品种，如‘莎拉’‘红富士’。花开放时，微微泛着粉色，盛开后转为纯白色，花瓣上间杂紫红色斑点或条带。花如其名，“温泉水滑洗凝脂”，该花好似刚出浴时因热气蒸腾而面颊绯红，皮肤温润如凝脂、洁净似白玉的杨贵妃，气质高贵而妩媚。

‘杨妃出浴’株高约115厘米，是晚花品种，花期在5月下旬。它的花型为彩瓣台阁型至球花台阁型，下方花花瓣2~3轮，宽大平展；上方花花瓣2~3轮，花瓣细碎短小。花心处有少量还未瓣化的黄色短小雄蕊，以及因心皮发育不良而退化变小的雌蕊。柱头为粉红色。茎秆和叶背密被白毛是‘杨妃出浴’的最佳辨识特征。它长势强健，抗病虫害能力强，花大量多，色彩高雅，是芍药中的上品。

‘杨妃出浴’

① 本章品种学名省略属名（种加词），只罗列品种加词，命名原则以国际栽培植物命名法规（ICNCP）为准进行微调，可能与登录名不完全一致。

二、‘白玉盘’（'Bai Yupan'）

‘白玉盘’是由菏泽赵楼牡丹园于1980年育出的芍药品种，并已经通过国家鉴定。它的花型为单瓣型，简洁而优雅。它的乳白色花瓣在开放时缓缓打开，质地细腻，色泽光亮，花瓣中部有粉色及色晕，古色古香。花瓣质地较硬，平展开阔，在边缘有缺刻和不规则齿状裂。花心处金黄色雄蕊团簇，红色柱头藏于其中。深绿色的茎秆硬挺，在微风中摇曳生姿。

‘白玉盘’是早花品种，在4月底或5月上旬开花。它的株型中等，成花率高，叶片颜色较深，是一种极好的群植观赏花卉，可以运用在花境和庭院中。

‘白玉盘’

三、‘沙金贯顶’（'Shajin Guanding'）

‘沙金贯顶’是国产芍药中的传统品种，较为名贵。其盛开的花朵有点像胸前佩戴的真丝绢花，精致典雅，低调却让人难忘。它的花型为皇冠型，外轮花瓣宽大圆整，略向内翻卷，边缘有不规则缺刻；内瓣紧凑直立，顶部的裂纹和缺刻更多，有少量细窄的条状瓣夹杂其间。部分内瓣在顶部还残留少量黄色花药，远远看去就像金沙散落其上，故得此名。

‘沙金贯顶’也是早期开花的芍药品种。它的株型较矮，茎秆细直，开花时如同白云坠于草地，群植效果很好。它的长势强，病虫害较少，可以尝试盆栽于家中观赏。

‘沙金贯顶’

四、‘查理白’（'Charlie's White'）

就像其他绣球型的芍药品种一样，‘查理白’的外轮花瓣硕大开阔，内轮花瓣团簇紧密，中部透露出淡淡的奶油黄色。雄蕊完全瓣化，雌蕊依旧保持正常。它从精致小巧的白色花苞逐渐舒张开展，盛开时由内至外散发着光芒。赏花者如能目睹这个过程，一定会心生喜悦。

‘查理白’是早花的芍药品种，属于中国芍药品种群，由美国育种家卡尔·克莱姆在1951年推出。它株高约90厘米，茎秆粗壮，单茎多花，花色在盛开后变淡为纯白色，具有微香，是一种广受欢迎的切花品种。

‘查理白’

五、‘和平公园’（'Garden Peace'）

‘和平公园’是一种应时而出的芍药品种。它于1941年由美国桑德斯教授用芍药和杂种芍药品种‘圣杯’（'Chalice'）回交培育出。彼时世界正笼罩在第二次世界大战的阴影之下，单瓣的‘和平公园’洁白无瑕，恰好表达出人类对和平安宁的向往。

‘和平公园’株高约90厘米，茎秆粗壮；花朵较大，直立向上，碗状的花形带着不容置疑的气质，仿佛向世界宣布：我们要和平。它有两轮阔大的花瓣，褶皱曲折，边缘的不规则裂纹细碎如流苏。花朵近心处的金黄色雄蕊紧紧团结在一起，拥抱着中心的红色柱头，与周围的白色花瓣形成了鲜明的对比。这个品种常为单茎多花，侧蕾接连开放，开花时繁茂如海，目光所及美不胜收；属于杂种芍药品种群，适合于庭院栽培，具有很高的观赏价值。

‘和平公园’

六、‘内穆尔公爵夫人’（'Duchesse de Nemours'）

‘内穆尔公爵夫人’是高贵典雅的白芍药品种。它的美貌曾被莫奈和拉图尔用画笔描绘，成为永恒。

它于1856年由法国育种家雅克·卡洛培育，属于中国芍药品种群，于1993年荣获英国皇家园艺学会颁发的优秀园艺奖。

它株高90厘米，茎秆粗壮，单茎多花；花蕾饱满圆整，看起来像圆嘟嘟的奶黄包；花是奶白色的，花瓣层层叠叠，华丽繁复；花瓣基部泛着些许樱草黄色，随着洁白的花瓣渐渐展开，中部黄色的花心显露出来，如同一顶镶金的玉石王冠。

该品种花期在5月中旬，开花时花色优雅圣洁，花香馥郁迷人，花径较大，茎秆粗壮，且花期较长，是极好的芍药切花品种。它在我国引种栽培适应性良好，长势强健，一次栽种好，往后就会大量开花。

‘内穆尔公爵夫人’

七、‘白色恋人’（'White Lover'）

‘白色恋人’是由北京林业大学于晓南课题组培育并于2021年国际登录的芍药品种。

它属于中国芍药品种群，重瓣花型，5月下旬开花，是个很棒的晚花品种。它株高90厘米，茎秆粗壮，直立性好。花白色，花形饱满典雅，初开时花心呈淡橘粉色，盛开后转为无瑕的洁白，像极了初恋时娇羞与纯真的感觉。

它的花瓣富有层次感，由外向内层层变化，外瓣近圆形，内部花瓣逐渐变小，折叠且有褶皱，变得灵动轻巧。内外两层花瓣紧紧依偎，就像热恋中的情侣一般亲密无间。

‘白色恋人’

第二节　红色芍药的炽热之美

芍药属的成员中既有恬淡清新的白色芍药，也有炽热鲜妍的红色芍药。红色是代表激情、愤怒和戏剧性的颜色。正因为有这些特征，当你想表达心中最深切、热烈的爱意时，红色芍药是最佳的选择。

宋朝杜范的《次韵十一叔芍药五绝》云："白白朱朱扫地残，尚余红芍带春妍。娉婷自笑成孤语，困倚芳丛背日眠。"红色芍药明艳动人，柔情万种，它们是春末百花消残时的惊喜，也象征着娇柔温和、情意绵绵的女子形象。

红色芍药不仅象征浪漫，也代表着尊重、荣誉、富足和财富。国产芍药品种多红色，向往幸福美满的中国人也更喜爱这些红艳富贵的芍药品种。在给红色芍药品种命名的时候，会取诸如"大富贵""繁荣昌盛""大地皆春"之类寓意喜庆和美的名字。而参考美国牡丹芍药协会（APS）近四十年评选出的金奖品种，红色芍药品种仅次于粉红色芍药，受喜爱程度排名第二。而与国产芍药多玫红色、浅红色的品种不同的是，国外培育出了鲜艳的正红色和庄重的深红色芍药品种，如'America'，是一个红色的单瓣型芍药品种。其颜色明亮醒目，极其震撼人心。

一、‘鲁红’（'Luhong'）

‘鲁红’芍药的花蕾是深红色的，当它开放时，逐渐打开的花瓣舒展开筋骨，层层叠叠，竟然变成了一朵紫红色的美丽花朵。它的花型是彩瓣台阁型，花瓣质地较硬，具有光泽，下方花有少量存留的正常雄蕊，其雌蕊瓣化成中部有白色条纹的紫红色花瓣；它的上方花花瓣紧凑，有皱褶，向内心处聚拢，近心处的花瓣直立。

这个中期开花的品种在1976年由菏泽赵楼牡丹园培育出。它株型高，茎秆细硬，成花率高，长势强健，可以做切花生产，也十分适合庭院栽培观赏。

‘鲁红’

二、‘大富贵’（'Da Fugui'）

‘大富贵’是紫红色或桃红色的传统早花芍药品种。花型为彩瓣台阁型，下方花外瓣有4~5轮，外瓣之间夹杂着细碎的内瓣，有2~5枚瓣化为具有深红色斑纹彩瓣的雌蕊；它的上方花有2轮，多数雄蕊瓣化，仅存少许正常的雄蕊。‘大富贵’花瓣层次清晰，其花瓣大小由外向内逐层减小，边缘有丰富的裂纹和缺刻的变化，花瓣排列整齐，细腻精致，雍容华贵。

‘大富贵’是比较受欢迎的国产芍药品种。它株型矮小，株高约90厘米，生长旺盛，茎叶繁茂，开花多而整齐，可布置花境、花带，适宜植于小气候条件较好的环境中，也可以做盆栽观赏。这个品种容易栽培，花开时观赏效果非常好，在国内的种植范围很广。

‘大富贵’

三、‘银线绣红袍’（'Yinxian Xiu Hongpao'）

‘银线绣红袍’在盛开时非常柔和、美丽，外观看上去丰满富贵，是一个很受人喜爱的传统国产芍药品种。它的花型是皇冠型，外轮花瓣宽阔平展，略向下翻折，多褶的巨大裙裾翩翩翻腾，尽显华丽气质。它的雄蕊几乎完全瓣化成高耸直立的花瓣，紧紧地团簇成球，傲立于舞裙之上。这个品种几乎在每一片红色花瓣的边缘都有淡粉色晕，如同银线镶边，由此得名。

‘银线绣红袍’也有一点欠缺，它的茎秆较细，稠密的花朵会使花枝歪斜，看上去娇弱无力，似乎是难以支撑。不过与它的美丽外表相比，终究是瑕不掩瑜。

‘银线绣红袍’生长势强，成花率高，株型较高，可以做切花，也适合庭院观赏，是中期开花的国产芍药中很不错的一款。

‘银线绣红袍’

四、‘红色魅力’（'Red Charm'）

‘红色魅力’花色鲜红似血，它的颜值能与市面上大部分象征热烈爱情的花朵媲美，而作为独特的正红色芍药则让它更显珍贵。‘红色魅力’深沉的酒红色花蕾非常饱满，十分可爱。它的花型为绣球型，外轮花瓣宽阔，内部是由完全瓣化的雄蕊组成的美丽的花球，其中藏着正常的雌蕊，有4~5枚，花头的直径可以达到15厘米。‘红色魅力’开花时有一种爆炸般的炫目感，却又让人目不转睛，热烈的红色花球给人的触动正是它名字的来由。

‘红色魅力’株高90厘米，生长势强，着花量较多，茎秆硬挺粗壮，花头直立向上，是十分优秀的切花品种。这个甜美魅惑的品种，是受市场欢迎的芍药品种之一，于1944年由莱曼·格拉斯卡克在美国推出，并获得了1956年美国牡丹芍药协会颁发的金奖。

‘红色魅力’

五、‘福至如归’（'Many Happy Returns'）

‘福至如归’是由美国育种家唐·霍林斯沃斯利用芍药的杂交后代'Nippon Splendor'和荷兰芍药（*P. officinalis*）与欧洲芍药（*P. lobata*）的杂交后代'Good Cheer'进行杂交得到的一个三倍体芍药品种。它于1979年首次开花，霍林斯沃斯在1986年将它在美国牡丹芍药协会登录，并在2007年获得美国牡丹芍药协会金奖。

‘福至如归’的花期在5月上旬至中旬，温暖的红色花球让收到花束的人会心一笑，体会到藏在花朵中的美好祝福。尚未开放时它的花苞呈深红色；球状的花朵慢慢打开后，则显示出温暖的红色；硕大的圆球随着时间推移，又会一点一点变淡，成为甜美的深粉色。这样的特点让‘福至如归’很受切花市场的欢迎，也非常适合用于花艺设计。

‘福至如归’

六、‘卡瑞娜’（'Carina'）

‘卡瑞娜’简洁而优雅，热烈且耀眼，单瓣至半重瓣型的花似乎一颗发出璀璨光芒的星星。猩红色的花瓣宽阔紧凑，呈波浪状，边缘上有不规则的缺刻。花朵中心是团簇的雄蕊，白色的花丝顶部是饱满的黄色花药，由内向外展示光亮。玫瑰粉色的雌蕊藏在雄蕊中间。它株高60厘米，单茎单花，花头直立，花朵直径12厘米。它株型紧凑，生长势强，成花率很高，娇小的身躯里蕴藏着巨大的能量。

‘卡瑞娜’由桑德斯教授在1944年培育出，其亲本是中国芍药品种和欧洲芍药品种。这个杂种芍药品种青出于蓝而胜于蓝，可以做切花使用，更是优良的庭院观赏品种。

‘卡瑞娜’

七、‘好想你’（'Hao Xiangni'）

‘好想你’是一个母本为二倍体、父本为四倍体的杂交芍药品种，是我国首批具有自主知识产权的三倍体新品种，由北京林业大学于晓南课题组培育，并在2021年进行了国际登录。

它属于早偏中花品种，北京地区的花期大约在5月上旬。它株高70厘米，茎秆较粗壮，直立性好；花型为单瓣型，鲜红色，单茎单花，通常不结实；用四倍体芍药授粉时可获得少量种子。它花色鲜艳夺目，是早春花园中的焦点，适合在北方园林绿地中栽培，常用于城市早春花坛、花境布置。‘好想你’花开耀眼，炽烈的红象征着浓到化不开的思念。

‘好想你’

第三节　紫色芍药的高雅之美

芍药的美不只有纯净和炽热，还有高雅与神秘的一面。由冷酷蓝色和炽热红色结合而成的紫色韵味独特，大胆出挑，吸引眼球，富有激情。这种颜色的芍药通常富有吸引力、诱惑力。它在象征浪漫的同时还彰显着迷幻与高贵。

正是这种多功能性使得紫色芍药在许多场合都是令人眼花缭乱的存在，将它用于婚礼之中，能为婚礼的中心装饰增添了一些大胆而引人注目的元素，并成为整个场景的焦点。如果你想表达爱和欣赏，紫色芍药也是很好的选择。同时，它也象征着一种年轻的精神，在毕业之际或成人礼上用紫色芍药作为祝贺花束，更是锦上添花之举。

紫色芍药花朵或简约或繁复，或单瓣或重瓣，像艺术品一样精致，闪着丝绸缎面般的光泽。它们完美的色泽使其能在园林中与其他植物和谐相处，完美搭配。经过巧妙设计，它们就会成为美景中让人过目不忘的焦点。宋朝张镃《芍药花二首》写道："自古风流芍药花，花娇袍紫叶翻鸦。"紫色芍药的魅力就是如此之大。

紫色芍药的颜色丰富多元，如同水彩颜料一样充满变化，有明亮轻盈如丁香色，也有浓重深沉如青莲色。

一、‘香妃紫’（'Xiangfei Zi'）

‘香妃紫’花色为亮紫红色，为中花品种，属于中国芍药品种群，由北京林业大学于晓南课题组于2018年在国际牡丹芍药协会登录。‘香妃紫’仿佛是一位婀娜多姿的女子，极度柔和与美丽。它的花朵是皇冠型的，花瓣质地细腻、晶莹剔透，外瓣平展，有的边缘有不规则的缺刻，有的则光滑、完整。内部是细碎的、排列紧密的、流苏一般的花瓣，这些精美的、羽毛般的内瓣由雄蕊瓣化而来，极有艺术感。它的雌蕊还是正常的，具有结实能力，雌蕊顶部的柱头是红色的。

‘香妃紫’的魅力不只是出挑的美貌，还有让人难以忘怀的香气。这是一个香味浓烈的芍药品种，遇到它一定要深吸一口，感受其中的甜美愉悦，才不枉它盛放一次。

‘香妃紫’株高90厘米，茎秆直立，长势强，适宜庭院栽培和作为切花生产。

‘香妃紫’

二、‘紫凤羽’（'Zi Fengyu'）

‘紫凤羽’为托桂型芍药，外形极好，两轮外瓣如同折纸作品一样，舒展坚挺，宽大如圆盘，承托着内部团簇成球的花瓣。雄蕊瓣化的花瓣大部分尖端如针，细碎如凤羽。它就像一只正在梳理羽毛的凤凰，风起时，羽翼翩翩，光影流转。‘紫凤羽’这个名字起得极妙。

‘紫凤羽’是国产芍药品种，由菏泽赵楼九队牡丹芍药园于1967年培育出。

它株高约60厘米，是中花偏晚的品种，长势强，花朵直立，观赏性极好，着一袭紫衣的娇俏花朵，静静地落在枝头，凤羽轻盈，还带着一丝茸毛质感的俏皮，色彩浓郁，开花量大，不仅可作切花，也是庭院及街道绿化的优良品种，可布置花坛、花境等。它的花有侧蕾且极易成花，雌蕊正常，是极好的育种材料。

‘紫凤羽’

三、‘砚池漾波’（'Yanchi Yangbo'）

东晋“书圣”王羲之自小习字，每回写完字都要在门前的小水池里洗毛笔，长此以往，他将清澈的水池都洗成了黑色。不知道这个传统国产芍药品种的名字，是不是来自这个故事？

‘砚池漾波’是一款托桂型的早花芍药品种，它的花色是具有光泽的黑紫红色，正如洗砚池水，波光粼粼。它的花瓣分为内外两部分，外瓣1~2轮，长而圆整，在花瓣顶部偶尔会有齿裂和缺刻，花瓣向上伸展，仪态大方；而内瓣是由雄蕊瓣化来的，一丛细碎团簇的针状和条状花瓣，包围着直立、顶部缺刻的细长花瓣。中心处是未瓣化的雌蕊，黄绿色的心皮上有粉红色的柱头，深藏于花瓣中。宽阔的外瓣舒展大方，承托着内部细致精妙的花球，极具艺术感。

‘砚池漾波’株高约60厘米，长势强，茎秆挺拔不易倒伏。它盛开时仰面朝天，花量繁多茂盛，花色能保持较久的时间，有极高的观赏价值。

‘砚池漾波’

四、‘五月丁香’（'May Lilac'）

‘五月丁香’是一款单瓣型的早花品种，由美国桑德斯教授于1950年培育。相比于其他浓重魅惑的紫红色芍药，这个清新甜蜜如紫色丁香花的芍药品种非常独特。似乎在一片姹紫嫣红的花朵中，多了一份灵动，丝绸般轻巧的花瓣偶尔又带着一丝浅浅的忧郁，这位丁香一样结着愁怨的姑娘，实在惹人垂怜。

‘五月丁香’株高80厘米，植株直立，茎秆粗壮，叶色翠绿，小叶平展，宽叶背面有毛。它的花头直立，花径10厘米，具有浓香，总是单茎单花。它的花瓣共有2轮，整齐宽阔的花瓣略向中心聚拢，花瓣的基部有淡紫色条纹，顶端有裂和褶皱。花中部团簇着金黄色的雄蕊，紫红色的柱头处于其中。

较矮的株高，让‘五月丁香’更显得可爱。在早春的花园中，它如同一位身着简约套装的女士，优雅自信地开放着。

‘五月丁香’

五、‘紫凤朝阳’（'Zifeng Chaoyang'）

‘紫凤朝阳’通身紫红，气质大气端庄，仿佛一位从古画中走出的霓裳宽大、裙裾翻飞的神女。它的花型是初生台阁型，下方花有2~3轮花瓣，其中有较为圆整的长椭圆形花瓣，细碎褶皱、边缘颜色泛白的雄蕊瓣化花瓣，以及由雌蕊瓣化呈现淡绿色的花瓣；上方花花瓣较大，有3~4轮，都向上伸展，边缘泛白并浅裂。上方花的雌雄蕊都退化变小，它的柱头则为淡粉色。

经典不落幕，美人不迟暮。‘紫凤朝阳’是一个传统国产芍药品种，目前在国内仍旧广泛种植。它株高约60厘米，长势强，茎秆细直挺拔，颜色深紫；花叶繁茂，花期较长。‘紫凤朝阳’的适应性较强，观赏价值高，是一款很不错的中期开花的芍药品种。

‘紫凤朝阳’

六、‘紫莲望月’（'Zilian Wangyue'）

形如莲，黄似月，这就是‘紫莲望月’的突出特征。‘紫莲望月’是单瓣型的早中花品种，花色紫红，圆整宽阔的花瓣有2轮，向内聚拢，开放时如同茶盏。虽不是浓烈奔放的重瓣大花，但胜在花瓣轻盈脱俗，微风中轻轻微颤，颇有点“可远观而不可亵玩焉”的清雅质感，即便是花苞期，也有很高的观赏价值。

精美的花瓣如同绸缎一般，包裹着中心团簇的雄蕊和雌蕊。金黄色的雄蕊光芒耀眼，如同正月十五的满月，又使人想到美味的莲蓉月饼。

这个品种的芍药长势强，开花直立，非常适合连片种植成花带、花径等，观赏效果极佳。

‘紫莲望月’

第四节 粉色芍药的娇柔之美

传统国产芍药的品种多茎秆细弱，劲风吹来时总是斜倚阑干，有人说“有情芍药含春泪”，于是在园林中设计了“芍药栏”供人依靠。芍药天生一副娇婉柔骨，使人想到那些梨花带雨、娇柔妩媚、惹人怜爱的女性形象。

粉色芍药，是最具有女性气质的芍药品种，在无数芍药品种中独受追捧。微妙得像少女腮红般的粉红色调通常与浪漫、幸运联系在一起，这个色系的芍药是情人节或周年庆典纪念花束的极佳选择，如‘莎拉·伯恩哈特’，已经流行了数百年。

当然在母亲节选择粉色芍药也不会突兀，可以单独使用，也可以与其他芍药搭配。淡粉色芍药经常被放在婚礼花束中，为婚礼增添了一抹亮色，非常适合伴娘使用。这种柔和的色调是春季和夏季婚礼上常用的，它们也可以成为户外婚礼的造景鲜花。欣赏粉色芍药之美的人将它们视作娇柔美丽的象征，无数的育种家和时装设计师则受到它们的启发，源源不断地产出新作品来。

一、‘粉玉奴’（'Fen Yunu'）

苏轼《四时词》云：“起来呵手画双鸦，醉脸轻匀衬眼霞。真态香生谁画得，玉如细手嗅梅花。”其中“玉奴”泛指美女。‘粉玉奴’如同一位面容娇俏的、身着粉色衣裙的美女。它是传统芍药中的早花品种，单瓣型，花蕾娇小却能开出直径达20厘米的花朵。它的花瓣有两轮，初开粉红色，后来变为肉粉色，顶端花瓣颜色稍泛白，像是女子发髻上的配饰；宽大的花瓣边缘总有不规则裂；金黄色的雄蕊团结紧密，花粉量很大。它的雌蕊是深粉色的，子房上有少量毛。‘粉玉奴’开花时带有类似花椒的香气。

‘粉玉奴’是一种应用广泛的芍药品种，它株丛圆整，花繁叶茂，开花整齐，一株便是一个球形花丛，观赏价值很高。色彩艳丽、细腻的‘粉玉奴’还是生产中药“白芍”的重要品种，它的根质量好，产量高，经济价值很好。

‘粉玉奴’

二、‘桃花飞雪’（'Taohua Feixue'）

‘桃花飞雪’是著名的传统芍药品种之一，花色粉紫如三月桃花，花瓣边缘有浅粉近白色的色晕，如同白雪飞落。洁白无瑕的白雪，映衬着红润的花容，更让花显得娇媚可爱了！

‘桃花飞雪’的花蕾是紧实饱满的扁圆形，花朵是层层叠叠的皇冠型。初开时，它的美还不能完全展现，外瓣阔大平展，瓣化的雄蕊还紧紧团在一起，像一个小球，这时的‘桃花飞雪’是粉蓝色的。随着时间推移，雄蕊瓣化的花瓣一点点展开伸长，在平展的外瓣上如同建起高耸楼阁，好似在原来花的内部盛开了另一朵美丽的花。盛开时的‘桃花飞雪’让人忍不住惊叹叫绝，它丰满靓丽的样子太美了！

这个晚花的芍药品种生长旺盛，株型圆整，花量大，花期长，开花整齐，群植时效果极佳，非常受人喜爱。

‘桃花飞雪’

三、‘种生粉’（'Zhong Sheng Fen'）

‘种生粉’于1974年由菏泽赵楼牡丹园培育出，花色为粉白色，花型为分层台阁型。在传统审美中，粉白色并不是最受欢迎的芍药花颜色，这个品种茎秆细硬，刚开始并不被市场看好。但是让很多人都没有想到的是，随着切花事业的发展，消费群体逐渐变得更年轻，人们的审美越来越偏向这种饱和度低、明度高的粉白色芍药。‘种生粉’芍药反而在近几年的切花市场中流行起来了。更不用说，‘种生粉’芍药的花芽成花率高，分化率也很高，芽体饱满，当栽培养护得当时，一株成年苗每年可以生产十几枝质量上乘的芍药切花。

‘种生粉’株高约80厘米，生长旺盛，花大色艳。它的花瓣像巴洛克式大裙摆一样堆砌层叠，蓬松又厚实。花瓣边缘的缺刻就像是绣工精心设计裁剪过一样，使这套裙摆在华丽繁复之外又增加了一丝仙气。

“手如柔荑，肤如凝脂，领如蝤蛴，齿如瓠犀，螓首蛾眉，巧笑倩兮，美目盼兮。”这个芍药品种，总是让人联想到诗经里那些娇柔可爱的女子。

‘种生粉’

四、‘华美盛宴’（'Edulis Superba'）

‘华美盛宴’古老而神秘，它是法兰西的美丽传说；优雅且温柔，它是风采依旧的流行明星。在品种分类上，它属于中国芍药品种群，是一个绣球花型、粉色系的早花品种。它在5月上旬开花，花期约为2周时间；深玫粉色的外轮花瓣宽大而鲜明，有1~2轮，雄蕊变异成长度较短、颜色较浅的条带状花瓣，与深玫粉色的宽大瓣化雌蕊一起密集着生。它的花径可以达到15厘米，远看像光洁的磁盘托着粉色绒球。随着花朵的开放，圆鼓鼓的“绒球”会变成高耸的“皇冠”，十分有趣。花如其名，‘华美盛宴’的花朵从初次绽放到完全盛开，是一场华丽的表演。

它是单枝多花型品种，茎秆上常着生1个顶蕾和2~4个侧蕾，一枝花如同一个花束，观赏价值很高。它由法国育种家尼古拉斯·莱曼在1824年培育出来，距今已200年，如今依旧是芍药切花市场上的流行品种。

‘华美盛宴’

五、‘莎拉·伯恩哈特’（'Saesh Bernhardt'）

‘莎拉·伯恩哈特’是进口芍药品种中的明星，其因柔美且娇媚、浪漫又优雅的外观与气质，在国内5月芍药季的市场上，总是供不应求。它开放之后，层层叠叠展开的花瓣颜色由内向外逐渐变淡，像是草莓冰激凌那种甜美的样子，让人忍不住想尝一口它的味道。它还有馥郁的香气，让人垂涎。它的花型是重瓣型，花瓣边缘均是不规则的缺刻，如同细碎的百褶裙摆，花心处是一圈黄色的雄蕊和较小的雌蕊。

‘莎拉·伯恩哈特’的花朵直径大，足有20厘米，茎秆强壮，又是最晚开花的芍药品种之一，是当之无愧的上等切花材料。它由法国育种家维克多·勒莫因在1906年育出，并以法国著名女演员的名字命名，在1993年获得了英国皇家园艺学会颁发的优秀园艺奖。

‘莎拉·伯恩哈特’

六、‘蚀刻鲑鱼’（'Etched Salmon'）

‘蚀刻鲑鱼’是一款杂交的重瓣型芍药品种。它株高约80厘米，株型直立紧凑；花头直立向上，单茎单花；外瓣宽阔圆整，内部花瓣细碎，排列紧密，花瓣顶部偶尔有裂，雄蕊完全瓣化。

最为独特的是它的颜色：独特的鲑鱼粉色上渲染了一抹温暖的橘调，浓烈的粉色甜而不腻，带着清新干净的感觉。随着花瓣逐渐打开，细腻温柔的碗状花朵颜色逐渐变淡，褪变为柔和的香槟色。

‘蚀刻鲑鱼’的自然花期在5月中下旬，属于中花品种。它生长势强，成花率高，气味清香，是优良的切花品种。它长势强，成花率高，于2002年获得美国牡丹芍药协会金奖和2012年的景观价值奖。

‘蚀刻鲑鱼’

七、'棉花糖'('Mianhua Tang')

'棉花糖'的粉白色花朵宛如一颗硕大蓬松的草莓棉花糖，甜美绵软，让空气中都充满着幸福的味道。这是由北京林业大学于晓南课题组培育并在2021年国际登录的中国芍药品种群品种。

在北京地区它的自然花期为5月中下旬，属于中偏晚花品种。它的花朵完全重瓣，外轮花瓣浅粉色，内轮花瓣粉白色，内外花瓣之间还有一些细碎的花瓣，色彩迷人、层次分明、饱满充实的花形非常亮眼。它株高80厘米，生长势强，茎秆粗壮，直立性较好，花朵美丽，是优良的切花品种。

'棉花糖'

第五节　黄色芍药的富贵之美

黄色是明度较高的颜色，轻盈明亮，阳光喜悦。喜爱黄色的人明朗而浪漫。黄色也是启蒙的象征，对人有积极的暗示。如果在工作之处摆放一枝黄色芍药，它一定能给予你轻快的心情。黄色芍药作为毕业礼物送给年轻人也是不错的选择，它寓意着崭新的前景，充满着希望与快乐。

黄色在我国传统文化中是较为尊贵的颜色。在《宋史》中有记载，皇帝穿黄色朝服，官员按照等级穿紫色、红色等服装。到了清朝，黄色与皇权关联紧密，《大清会典》特别规定只有雍正皇帝的礼服才能制作成明黄色。可见黄色有着多么富丽堂皇的象征意义。

黄色芍药是十分珍贵的。中国芍药品种群中的黄色品种非常稀少，杂交芍药品种中的黄色品种较多，这主要是因为国外有黄色野生芍药种质资源，包括大叶芍药（*P. daurica* subsp. *marcrophylla*）、高加索芍药（*P. daurica* subsp. *wittmanniana*）和黄花芍药（*P. daurica* subsp. *moloksewitschii*）等。

一、‘黄金轮’（'Huangjin Lun'）

‘黄金轮’为复瓣的芍药品种，是中国芍药品种群中非常珍贵的黄色品种。它株高约90厘米，茎秆直立，叶片稀疏，为黄绿色；花头直立向上，一茎多花。它的花是彩瓣台阁型，鲜黄色，下方花外瓣2~3轮，内瓣狭长内卷，雌蕊5~6枚，瓣化成黄绿色内彩瓣；上方花花瓣2~3轮，雄蕊正常，雌蕊有瓣化，柱头为乳黄色。它是传统的中花品种。

‘黄金轮’在早春刚开花时，叶片颜色是嫩黄绿色，十分娇嫩可爱。它在盛开时光彩照人，火光似的花朵飘浮在空中，观赏性极强。

‘黄金轮’的一个特点是较为耐阴。展叶后的‘黄金轮’叶片浓绿，在光线较弱的位置能充分地进行光合作用。它怕晒，过强的日照会让绿叶焦黄卷曲，逐渐枯萎。这个珍贵的芍药品种的另一个特点是生长势较弱，每年的萌芽数和成花数较少，但这在喜爱它的人眼里却是不足挂齿的，反而显得‘黄金轮’更加珍贵，是凤毛龙甲一般的存在。

‘黄金轮’

二、‘柠檬雪纺’（'Lemon Chiffon'）

‘柠檬雪纺’是一个半重瓣的杂交芍药品种，它的明黄色花朵总是在一派姹紫嫣红的芍药花海中独树一帜，让人眼前一亮。美国育种家Reath, D. L.在1981年对它进行了国际品种登录。它是一个多重杂交的产物，将不同亲本间的优势集合在一起，集‘鲑鱼梦’的奶油质感，‘奶油之悦’的稀有黄色，以及‘月光’的强壮茎秆于一体，是个非常优秀的芍药品种。

它株高70厘米，茎秆粗壮直立，株型自然，叶片深绿色，非常迷人；花头直立向上，单茎多花。它半重瓣的花是鲜黄色的，花径较大；阔大的花瓣顶端偶尔有浅裂，有6~7轮。它的雄蕊丝丝分明，能产生高活力的花粉；它的雌蕊也是正常的，通常有4枚，心皮淡黄色且有毛，柱头粉红色。

它的生长适应性很强，抗白粉病的表现也很不错，这或许与它是一个四倍体芍药品种有关。同时它还是个具有很强育性的杂交芍药品种，结实能力也很强。

‘柠檬雪纺’

三、‘草原月光’（'Prairie Moon'）

‘草原月光’是美国芍药育种家Fay于1959年国际登录的品种，属于杂交芍药品种群，为三倍体，亲本是两个杂交品种群的品种：'Laura Magnuson'和'Archangel'。

它的花型是简约明快的半重瓣型，属于中花品种，浅黄色的花瓣绽开，颜色像月光一样温柔婉约，明亮柔和。花朵的质感柔滑飘逸，像极了含羞的少女撩开面纱，露出娇容，淡雅宜人，令人怦然心动。杯状花朵硕大瞩目，花头直立，单茎单花，花瓣阔大，3~5轮。它的雄蕊正常，多数，花药、花丝均为黄色；雌蕊正常，心皮3枚，绿色，柱头乳白色。由于它是三倍体，虽然有外观正常的花粉和柱头，但是一般不结实。

它株高80厘米，茎秆粗壮直立，株型稀疏，枝叶茂密，具有很好的观赏性，适合庭院种植，伴随着阳光的沐浴，给人一种恬静美好的氛围感。

‘草原月光’

四、‘欢乐奶油’（'Cream Delight'）

‘欢乐奶油’是美国芍药育种家Reath D. L.于1971年国际登录的品种，属于杂交芍药品种群，亲本是两个杂交品种群的品种：‘玫瑰情书’（'Roselette'）的后代和'Sunglint'。

‘欢乐奶油’是个单瓣型早花品种，通常在5月第一个星期就能盛开。轻盈感十足的花朵像一片甜甜的云彩落在深绿色的茎叶上面。花如其名，它的颜色为奶油黄色，软糯的奶黄色是一种直视快乐的底色。花朵中间金黄色的花蕊格外亮眼，像一个个小蛋黄，近看花蕊中还夹杂着几丝淡粉色，温柔得恰到好处。花瓣宽阔整齐，顶端稍有裂，基部有淡黄斑。它的雄蕊发育正常，花药量很多，花丝较长，嫩黄色；雌蕊正常，心皮1~2枚，浅黄绿色，有毛，柱头淡粉色，能正常结实。

它株高70厘米，叶为中型宽叶，茎秆粗壮、直立，株型较紧凑，生长势较强，十分适合庭院观赏。此外，最近单瓣芍药品种在切花市场流行起来了，‘欢乐奶油’将在切花市场上大放光彩。

‘欢乐奶油’

五、‘罗伊经典黄’（'Roy Pehrson Best Yellow'）

‘罗伊经典黄’是由美国育种家罗伊·皮尔森和拉定培育的品种，亲本是'Quad'的第二代后代和'Moonrise'的第二代后代。它属于杂种芍药品种群，是一个四倍体芍药品种，于1971年首次开花，于1982年进行品种登录。它属于早花品种，单瓣型，花朵为浅黄色，花径11厘米，花头直立，单茎单花。雄蕊正常，花药量较大，花丝嫩黄；心皮3~4枚，淡黄绿色，有毛。它的花瓣宽阔整齐，质地柔韧，包裹着丰富的金黄色花药，使整个花朵显得圆润可爱。

它株高80厘米，茎秆较粗壮，金黄色的单朵花直立于强壮的茎秆上，在微风中摇曳，展现出高贵的气质。它的叶色深绿，株型自然，枝叶茂密。由于它的花叶都具有极高的观赏价值，非常适合种植在庭院中。在繁花似锦的春天，‘罗伊经典黄’可以毫不费力地凭借自己那一抹璀璨的金黄，占据花海中绝对的中心位置。

‘罗伊经典黄’

六、‘巴茨拉’（'Bartzella'）

伊藤芍药‘巴茨拉’是一个特别优秀的芍药品种。它自从面世后，就拿奖拿到手软，包括2002年美国麦迪逊芍药花展最佳展示奖、2006年美国牡丹芍药协会金奖、2009年景观价值奖。

它是白色重瓣芍药和黄色牡丹的“爱情结晶”，完美地继承了双亲的长处。花朵形态似牡丹，雍容华贵，而叶片开裂程度高，像极了牡丹的叶片。它的根中心有木质化芯，像牡丹一样，但茎秆是草质茎，和芍药接近。从外观上看，它既有木本牡丹的挺拔，又有草本芍药的柔美。

它颜值高，是难能可贵的重瓣型的伊藤芍药。它株高约80厘米，比大多数伊藤芍药品种都要高，生长势强，茎秆粗壮，枝叶繁密。它的花为夺目的亮黄色，花瓣基部带有绚烂的红斑，这样的配色使人情不自禁地想到灼热的太阳。它的花径为15~20厘米，十分大气，在寻常的花群中自然而然就会成为焦点。它有宜人的香味，但不会产生花粉，大家可以放心地去接近它而不用担心过敏。

‘巴茨拉’

第六节 橙色芍药的梦幻之美

橙色是欢快活泼的光辉，是亲近体贴的温度，它使人联想到宜人的秋日物候，丰硕的甜美果实，是富足、快乐、梦幻的颜色。橙色芍药正有这样的魅力，它让人仿佛陷入一个悠长的快乐梦境之中，是结束时都忍不住要回味的那种美梦。黄色芍药因为文化内涵和本身血统的缘故而受人珍视，而橙色芍药品种罕见如同凤毛麟角，更让见者惊叹。

在自然界中，芍药科的野生植物资源中极少存在橙色花朵个体，只有滇牡丹（*P. delavayi*）中有橙色个体。后来法国育种家就利用滇牡丹和栽培牡丹进行了杂交培育工作，培育了一些橙色的亚组间杂交新品种。之后的芍药育种者利用橙色的牡丹品种和芍药进行杂交，得到了一些橙色的伊藤芍药品种，如‘雨中曲’（'Singing in the Rain'）和‘玫红花公子’（'Old Rose Dandy'）。

中国芍药品种群中现在还没有橙色芍药品种，而杂交芍药品种群中有一些橙色的品种，如著名的‘落日珊瑚’和‘珊瑚美丽’。这些品种在刚开放时并不是橙色的，但它们的花瓣颜色会随着开放程度而变化，中间有一个橙红色的状态。

一、‘雨中曲’（'Singing in the Rain'）

‘雨中曲’由美国育种者史密斯在2002年进行品种登录后推出。它的杂交亲本分别为：母本是中国芍药品种群的‘玛莎’（'Martha W'），父本是一个牡丹亚组间杂交种‘黄金时代’（'Golden Era'）。

它株高约91厘米，茎秆强壮，叶片茂密良好，抗病性很强。它的花是重瓣型，花蕾是粉红色，初开是黄色，泛粉红色晕，从远处看呈浅橙色，而盛开的花朵呈深黄色。在黄色的层层花瓣中央，亮黄色的雄蕊团簇在柱头周围，花的最中心是3~4枚带黄色柱头的浅绿色心皮。

它的花径能达到15厘米。每茎有2~3个侧蕾，花量大，侧蕾成花品质高，几乎与顶生花一样大。它的花非常坚挺，几乎不受大雨影响，这也是它名字的由来。

‘雨中曲’

二、‘玫红花公子’（'Old Rose Dandy'）

‘玫红花公子’是单瓣型的伊藤芍药品种，开花时会从橙红色逐渐褪变为橙黄色，最终变成黄色，这是它最大的识别特征。‘玫红花公子’由美国育种者Laning在1993年进行品种登录，是一款十分适合在庭院栽培观赏的芍药品种。

‘玫红花公子’的株高约70厘米，茎秆强壮，叶片茂密良好，株型紧凑。它的花不算大，花径11厘米左右，花瓣2~3轮，宽阔整齐，顶端有裂。除了会变色的花朵外，在花瓣顶端还带有一丝紫玫瑰色条纹，花瓣基部有暗红色斑，花瓣中间有黄色的雄蕊和浅绿色的柱头，被花瓣保护着。虽然它有外观正常的雄蕊和雌蕊，但是它一般不能结实。

‘玫红花公子’的生长势很强，成花率也很高，一棵健康的植株上能同时开放10朵以上的花朵。但美中不足的是它的花头多为下垂的，这和滇牡丹很像，或许‘玫红花公子’中就有滇牡丹的基因吧。

‘玫红花公子’

三、‘落日珊瑚’（'Coral Sunset'）

‘落日珊瑚’也叫“珊瑚日落”，属于杂种芍药品种群，由欧洲芍药的品种'Otto Froebel'和中国芍药白色重瓣品种'Minnie Shaylor'杂交而成。育种人是美国育种家Wissing-Carl G. Klehm，于1965年进行品种登录。Wissing先生通过自己长达26年的努力工作，育出了包括‘落日珊瑚’在内的一系列独一无二的珊瑚系芍药品种。‘落日珊瑚’一经推出就受到了无数人的追捧，也在2003年获美国牡丹芍药协会金奖。

它半重瓣型的花朵饱满甜美，珊瑚色的花鲜艳独特。最为奇特的是，它的色彩会随着花朵的盛开，先由珊瑚色变为橙红色，随后变为黄色，最后变成象牙白色。这一变色的过程仿佛落日西沉，充满诗意。

它株高约85厘米，茎秆强壮，花头直立，单茎单花，生长势强，成花量大，花色新奇，在切花市场上很受欢迎。

‘落日珊瑚’

四、‘夏威夷粉珊瑚’（'Pink Hawaiian Coral'）

‘夏威夷粉珊瑚’是R. Klehm利用中国芍药品种群品种‘查里白’（'Charlie's white'）和欧洲芍药品种'Otto Froebe'杂交选育获得的杂交品种，1972年首次开花，1981年国际登录，在2000年获美国牡丹芍药协会金奖。强壮的茎秆、圆润的半重瓣花型和柔美的珊瑚粉色花朵，使它迅速受到青睐。

它是最早长出地面的芍药之一，也是第一批开花的珊瑚芍药品种之一。它株高约75厘米，茎秆粗壮，直立性优良，开花相对一致，间隔均匀，呈现出精致的柔和色调。将它种植于庭院中，微风拂过，摇曳生姿，令人心旷神怡。

最特别的是，它的花朵会随着时间流逝而慢慢褪色，初开时是令人惊叹的珊瑚粉色，盛开后会变成独特的橙红色，最后又渐变为温柔的奶油黄色。将它插于花瓶中，在5月的春光里每日欣赏它不一样的“妆容”，在花色的变化中感受时间的流逝。

‘夏威夷粉珊瑚’

第七节　墨色芍药的深邃之美

墨色，一种自然界中极不寻常的颜色，花朵因畏惧阳光的灼晒而藏起这份妖娆，也因昆虫难以寻觅而隐去了这份深邃。而唯独，人类因这种色彩而着迷。

在芍药中，墨色系是一种深沉而别致的墨红色，似墨染宣纸，似丹红点缀，两种色彩的融合让墨黑多了一份富饶和大气，也让朱红多了一份安宁和深邃，它是属于夜晚的颜色，深邃而闪耀着神秘的光辉。在宗教中墨色常被视为高贵的色彩，象征至高无上的权威，不怒而威，霸气天生。

在西方的古老传说中，墨红似乎又是一种幽暗神秘的存在，像古老魔法的咒语一样让无数人为之而狂热。

墨色芍药，既是中国传统古典审美里气质高贵的美人，一枝独秀，尊贵而厚重；也是西方传说里暗夜中的精灵，幽暗而神秘，让人忍不住走向它，一睹芳华。

一、‘黑海波涛’（'Heihai Botao'）

‘黑海波涛’是国内育成的上乘品种，花色墨紫红色，晶莹有光，而花型端庄秀丽，是芍药中少有的墨色品种之一。

它由山东菏泽赵楼牡丹园于1973年育出，中花偏早品种，株丛高大直立，茎秆粗硬健壮，叶片大而平展，花量巨大且花期长。‘黑海波涛’的名字和它的气质非常贴切，四个字让它恢宏壮阔的气势展现在赏花者眼前，当它盛开时，如乌云降临，非常震撼。它观赏价值极高，群植在园林中肯定是一处非常耀眼的景点。

就单朵花来看，‘黑海波涛’也是十分美丽的。它的花朵是分层台阁型，下方花排列整齐而丰盛，上方花紧密精致，在这两层之间，隐隐约约存留着少许金黄色的雄蕊。更可贵的是，它的花瓣有蜡质质感，非常坚挺，也十分适合做切花观赏。

‘黑海波涛’

二、‘古老信仰’（'Old Faithful'）

‘古老信仰’的花朵颜色深红，丝绒质感，有淡香，盛开时奔放热烈且端庄高贵。它的花会随着开放从深红色褪成紫红色，最后变成一种具有斑驳感的灰红色。这也和我心目中对爱的信仰一样，即便时过境迁，依旧感动常在。

它由育种家Lyman D. Glasscock和他的女儿Elizabeth Falk共同推出，在1997年获得美国牡丹芍药协会金奖，在2009年获得景观价值奖。它属于杂交芍药品种群，是个四倍体，晚花品种。它株高90厘米，茎秆粗壮直立，株型紧凑，但在刚生长的时候长势一般，达到强健的体格需要积累两三年。它的叶片浓绿，叶面光滑肥厚，叶背密被白色茸毛，摸上去毛茸茸的，十分可爱。它的花是蔷薇型的，花径有12厘米，花头直立，单茎单花或多花，花色浓郁黑暗而有亚光质感，花瓣多轮由外向内变小，基部无斑纹。它做切花观赏时，花形的保持度很高，非常完美。

‘古老信仰’

三、‘巴克·艾美人’（'Buckeye Belle'）

‘巴克艾美人’是三倍体杂交芍药，花朵为半重瓣型，亲本为荷兰芍药和芍药，登录于1956年。

它充满诱惑的花色，仿佛是暗夜中的美人，享受着午夜的寂静与幽暗。黄色花药点缀于花心，大概是美人头上绾发的发簪，在一片深红之中，增添了几分俏皮，是点到为止的艳，不可方物的美。雍容华贵的花朵之中，多了一份深沉和神秘。即便是花苞期，它也是一片绿叶丛中闪烁着幽暗深邃色彩的鸽血宝石，在瞬间吸引你的眼球。

‘巴克艾美人’花期较早，在5月上旬，植株高度可达80厘米，适合切花生产，曾获美国牡丹芍药协会金奖和景观价值奖。

‘巴克艾美人’

四、‘约翰·哈佛’（'John Harvard'）

‘约翰·哈佛’是美国芍药育种家Auten于1939年培育登录的品种，为三倍体，不育；属于杂交芍药品种群，亲本之一是荷兰芍药。由于暗红色花朵在芍药品种中较少见，因此它弥足珍贵。

‘约翰·哈佛’的花为单瓣型，整齐圆润。它花期早，绽苞开花时像一簇簇艳丽的深暗红绸缎，又如当炉燃烧的熊熊火焰，耀眼而热烈。深红色的花瓣紧裹着丝丝金黄色的花蕊，煞是好看。微风吹过，阵阵清香扑鼻而来，让人心旷神怡。它株高90厘米，茎秆较粗壮，植株直立，株型较稀疏，适合庭院观赏。

‘约翰·哈佛’以其高级的颜色、稀缺的品种，深受人们喜爱。它真可谓芍药界的“黑美人”。

‘约翰·哈佛’

五、‘伊利酋长’（'Illini Warrior'）

‘伊利酋长’在国内还有‘伊利美人’‘伊利黑美人’两个别名。它是一个杂交芍药品种，由美国育种家Glasscock和Falk培育，并在1995年在美国牡丹芍药协会登录。在美国牡丹芍药协会官网上，这个芍药品种的介绍和它的花一样，相当简洁：“Parentage unknown. Tall rugged plants. Brilliant red single. Seedling # A1A1.”它亲本未知，植株高大粗壮，单瓣花耀眼红色，由编号A1A1的种子得来。

‘伊利酋长’的花是深红色的，冷艳动人并且有丝绒质感。它花型非常端庄简洁，圆整杯状的花瓣围绕着内部金黄色的雄蕊，非常有异域风情。与之类似的品种还有伊藤芍药‘黑鹰酋长’（'Chief Black Hawk'）等。

‘伊利酋长’

第八节　绿色芍药的静谧之美

如果说哪一种颜色最能让人感受到静谧平和，那大概就是绿色了。绿色可以帮助人们减轻压力，缓解紧张情绪。在色彩心理学中，绿色被视为自然、平和、和谐、健康和生命的象征。绿色的光线可以促进大脑中神经递质的产生，从而让人感到平静和放松。因此，如果你感到紧张或者焦虑，可以试试在绿色的环境中待一会儿，或者在家里放一些绿色的植物，比如绿色的芍药，它能放松你的心情。

其次，绿色还可以提高人们的注意力和集中力。绿色被证明可以刺激大脑中负责注意力的区域，进而提升人们的专注力。因此，如果你工作或学习时注意力需要更加集中，可以试试在工作区域养一束绿色的芍药。

绿色芍药一直是育种家们内心灼热的追求，它不一定是最富丽堂皇的，但一定是最能给你带来平静和谐的。一片叶丛之中，微风轻拂，闪过一朵轻盈静谧的绿色芍药，它就像一滴晶莹的露珠，除了反射一份象征自然万物的绿色，也有芍药独一份的风姿绰约，柔美动人。

一、‘绿宝石’（'Lü Baoshi'）

“芍药自古无绿色，菏泽现有‘绿宝石’”。2003年6月《中国花卉报》在当期首面上发表文章介绍了一个举世无双的芍药品种——‘绿宝石’，又叫‘碧玉之心’。这是由山东的芍药育种者周保文及其家庭所培育的首个国产绿色芍药品种，意义非凡。

它并不完全是绿色，花苞未打开时为浓郁的浅绿色，而盛开时花瓣颜色变淡，如洗净铅华一般变得素雅，只在花瓣基部保留一点纯绿色。当快要凋谢，它那花瓣先端变为粉白色，偶尔是粉红色，像是一抹余韵犹存的微笑。

‘绿宝石’和其他绿色系芍药有着一样的问题，生长较慢，开花不易且花期不长。因此，如果你拥有了一朵‘绿宝石’，一定要好好珍惜它。

‘绿宝石’

二、‘绿晕’（'Green Halo'）

‘绿晕’，属于中国芍药品种群，由美国育种家克莱门培育出并在1999年在美国牡丹芍药协会登录。

‘绿晕’是一种稀有珍贵的绿色芍药，它是不同寻常的半重瓣花型，花蕾呈淡绿色。当花朵开放时，花瓣基部的绿色蔓延至顶端，淡淡过渡为奶油白色，每一片花瓣都扭转弯曲，顶端细碎繁复，中间团簇的金黄色花蕊灿烂明亮。‘绿晕’碧如翡翠，温润如玉，清新淡雅的颜色与常见的芍药相比更为特别。

‘绿晕’株高约70厘米，株型自然，叶片清亮，通常一茎2~3花，属于早中花品种。在国际市场上，‘绿晕’的售卖价格高达500元一株，不得不感叹绿色芍药的物以稀为贵。

‘绿晕’

三、‘绿莲’（'Green Lotus'）

‘绿莲’与‘绿晕’在外观上看起来像极了，如同一对姐妹花。事实上，‘绿莲’也同样是由美国育种家克莱门培育的绿色芍药品种，它早于‘绿晕’在1999年于美国牡丹芍药协会登录。

和‘绿晕’相比，‘绿莲’的花瓣更加扭曲狂野，富有张力。而它的花瓣在顶端不只有奶油白色，有时也会出现浅粉色。假如你买到一束‘绿莲’，那么每一朵花都会开出不同的样子，每一朵花都是一份惊喜。它还有种奶油般的香味，很好闻。

这个品种的另一个优点是它的花期要比其他芍药长一些，绿色的芍药普遍开得较慢，而‘绿晕’花瓣厚实硬朗，能保持得更久。

‘绿莲’

四、‘磷酸柠檬’（'Lime Phosphate'）

‘磷酸柠檬’于1986年首次开放，1989年进行了分株繁殖，于1999年在美国牡丹芍药协会中注册，培育者是著名的育种家Anderson R. F.。‘磷酸柠檬’的亲本未知，它是个四倍体，不能产生种子，但有少量可育的花粉。

它株高70~75厘米，叶子呈深绿色，叶面有凹陷。它的花整体呈现灰绿色，随着花的开放，花瓣会逐渐从浅绿色变成奶油色。这个重瓣的淡绿色杂种芍药品种很美，但目前在国内尚未流行起来。

‘磷酸柠檬’

第九节　复色芍药的绚丽之美

有谁会不喜欢在一朵花上看到两种色彩的神奇呢？就像打翻了调色盘，你能看得到丝丝缕缕的色彩在交织，两种色彩的融合天衣无缝，令人着迷。

的确，单一色彩的芍药让人感受到一份纯净，而复色芍药却带来了更多的惊喜，这种惊喜无法复刻，世界上没有两朵完全相同的复色芍药，就算同一根茎秆上长出来的两朵花，也各表一枝。

年年岁岁相似花，岁岁年年不同色，复色芍药的魅力就是让你在每次花开的时候看到不一样的它，真是非常用心地在准备每一次的盛开，就是要大大方方地怒放，绚丽而耀眼。

一、‘巧玲’（'Qiao Ling'）

‘巧玲’是国产的中花芍药品种，灵动飘逸，淡雅美丽。它的花朵是托桂型的，简洁而优雅，外花瓣徐徐打开时略带点粉红，盛开后颜色迅速变为明亮的乳白色，偶尔带有一丝丝的玫瑰红色，在花瓣边缘处有着不规则的缺刻和齿状裂。而它的内瓣紧密排布，细管状的淡黄色瓣化雄蕊窄长直立，包裹着中央醒目的亮红色柱头，有点像刚煮好的荷包蛋。它的花梗纤细而硬挺，在风中肆意摇摆。‘巧玲’的花朵秀美，它的最大直径可达15厘米，这样大小的花作为胸花很合适。

‘巧玲’的植株可达70厘米，它生长旺盛，一茎多花的特点让它在庭院中作为观赏植物时能持续很长的花期。单瓣类的花朵也很容易打开，切花水养时不用担心。它的美貌显示出一种纯净与和谐的气质，花瓣质感仿佛是闪着光泽的柔软缎面，适宜布置在圣洁的婚礼庆典上。

‘巧玲’

二、‘五花龙玉’（'Wuhua Longyu'）

‘五花龙玉’的花是千层台阁型的，层层叠叠的绝美重瓣花无论从哪个角度看过去都让人陶醉。它的花瓣质地硬挺，如同草莓冰激凌的颜色一样粉嫩可爱，这已经很浪漫了。但它还从花瓣的基部向顶端延伸出彩色的斑纹来，鲜红色、粉色、紫红色的都有。随着花朵的生长，每一条斑纹随着花瓣的扭曲在花瓣上翻腾起舞，美不胜收，如同条条彩龙在祥云中嬉戏一般。

这个中花偏晚的国产芍药品种在一众国产芍药中是极其稀有的。它植株低矮，暗紫色的茎秆硬挺，虽然分枝较少，但侧蕾也能正常开放，因此它的成花率高。当高于叶面的花朵盛放时，株丛更显得紧凑。因此无论是做庭院美化，还是切花生产，它都是一个不错的品种。

‘五花龙玉’

三、‘雅典娜’（'Athena'）

‘雅典娜’是由著名育种家Saunders培育的四重杂交品种，亲本包括中国芍药、大叶芍药、黄花芍药和荷兰芍药。它是Saunders培育的芍药中种植最广泛的品种之一。

‘雅典娜’株高30厘米，属于芍药中的小个子。叶子深绿色，带有光泽，很有吸引力，花后也有观赏价值，会在秋天变色。它的花型端正，中等大小的杯状花朵有8~9枚花瓣，分为两轮，中心簇拥着耀眼的金黄色雄蕊。泛着玫红的象牙色花瓣，基部装饰着精致的深粉色斑点，十分妩媚动人。随着时间变化，花色会逐渐褪变为浅玫瑰色，令人惊叹。

‘雅典娜’的自然花期在5月上旬，春末夏初，是优良的早花品种，单株花期7~10天。它的长势强健，适应性强，在华北地区能够正常开花，每年的复花率很高。它娇小玲珑且挺拔直立，适合做园林中的前景植物栽植，也适合做切花观赏。

‘雅典娜’

四、‘棒棒糖’（'Lollipop'）

‘棒棒糖’是伊藤芍药品种，由美国育种家Anderson培育，于1999年在美国牡丹芍药协会登录。它的杂交亲本是Anderson自育的未命名中国芍药品种群的芍药种苗（母本）和牡丹亚组间杂交种'D-79'（父本）。‘棒棒糖’植株适应性强，花量大，是一个很不错的中花品种。

‘棒棒糖’株高65~75厘米，茎秆强硬，叶片油亮，花头直立向上。它的花型从半重瓣型到重瓣型都有。它的花瓣在顶端有着不规则的缺刻，不同花朵上的花瓣变化非常丰富。它黄色的花瓣上有不规则的亮红色条纹，既像棒棒糖表面的花纹，也像棒棒糖丰富的味道层次，非常吸引人眼球。幸运的人能看到‘棒棒糖’层层叠叠的花瓣逐渐打开的过程，流光溢彩。所以还有人为‘棒棒糖’感到不值呢，他们觉得‘棒棒糖’这个名字起得过于草率，不如‘流光溢彩’这个名字贴切，你觉得呢？

‘棒棒糖’

五、‘北林之心’（'Lin's Heart'）

‘北林之心’是由北京林业大学于晓南课题组培育并在2021年国际登录的芍药品种。它属于中国芍药品种群，于2020年首次开花，是个晚花复色品种，上层花瓣粉色，下层花瓣淡粉白色，重瓣花型。

‘北林之心’株高65厘米，茎秆直立性较好；重瓣化程度高，雌雄蕊均完全瓣化为花瓣，雄蕊瓣化花瓣为羽毛状，外轮花瓣圆形。它是于晓南课题组目前国际登录的27个品种之中唯一的复色花种，外层花瓣先开，颜色由淡粉色逐渐变成淡粉白色，衬托起内层后开的粉色花瓣。

整朵花看起来似一颗热情、炽热的少年之心，象征着北京林业大学学子们在不断学习和研究之中，经时间打磨，褪去华丽的外表，朴实下拥有一颗热爱知识、奋勇向上的火热的心。谨以此花献给北京林业大学。

‘北林之心’

第十节　伊藤杂种芍药的混血之美

牡丹组与芍药组的结合曾经是许多育种者多年未曾实现的精妙设想，但是这个真正组间杂交的后代到20世纪50年代才出现。1948年，日本育种者伊藤东一利用中国芍药品种‘花香殿’（'Kakoden'）做母本，牡丹品种‘金晃’（'Alice Harding'）做父本，进行远缘杂交，最终获得6株真正的组间杂种。之后不断有人效仿伊藤东一的方法，培育出新的组间杂种。美国牡丹芍药协会为表彰伊藤东一的突出贡献，将这一新的类群命名为伊藤杂种群。

伊藤芍药优势明显，具有生长势强、株型优美、花朵似牡丹、抗寒抗病、花色和花型丰富、花期长等优点。该类群也被认为是牡丹、芍药育种未来的发展趋势。

通过众多育种家的不断努力和开创性的工作，伊藤芍药的范围也在不断扩大，除了以中国芍药品种群的芍药做母本，牡丹亚组间杂交种做父本的后代外，也出现了芍药做母本，其他牡丹做父本（滇牡丹和紫斑牡丹栽培品种等）的后代；伴随花粉保存技术的提升，以牡丹做母本（牡丹亚组间杂交种和传统栽培牡丹等），中国芍药品种群的芍药做父本的杂交后代也出现了，这些类型的后代现都归入伊藤芍药品种群中。

一、‘边境魅力’（'Border Charm'）

1968年，‘边境魅力’由美国育种家唐·霍林斯沃斯培育出。它于1974年首次开花，1984年在美国牡丹芍药协会登录。它的亲本是中国芍药品种群中一个不知名品种和黄色系牡丹亚组间杂种‘金晃’（'Alice Harding'）。值得一提的是，这个亲本组合是霍林斯沃斯模仿日本的伊藤东一先生所设计的杂交组合，‘金晃’正是伊藤所用的杂交父本。

它株高70厘米，植株直立紧凑。它低矮的身姿十分适合庭院栽培，能在花境中与其他植物完美融合。它的花是半重瓣型的，花径约12厘米，精致秀丽。它有3轮质地细腻的花瓣，花瓣的边缘齿状。它的硫黄色花朵纯净柔和，基部晕染着暗红色的斑块，美如水彩。花朵中心长满了黄色的雄蕊，围绕着黄绿色的心皮和桃红色的柱头。它的花头稍向下垂，略带含羞和矜持。它是中花品种，花色稳定，单花期长，绿色期长，很完美地延长了它的观赏时间。

‘边境魅力’

二、‘唯一’（'Unique'）

育种家Anderson R. F.利用超级母本中国芍药品种‘玛莎’（'Martha W.'）与牡丹亚组间杂交种进行杂交，获得了像‘绯红天堂’（'Scarlet Heaven'）这一罕见的猩红色伊藤杂种。之后他又改变了父本选择，获得了像‘唯一’这样的组间杂种。

‘唯一’在1999年进行了国际登录，它的杂交亲本分别是：母本中国芍药品种‘玛莎’（'Martha W.'）和父本狭叶牡丹'Potanini'。‘唯一’于1986年首次开花，株高76~86厘米。它的花朵是猩红色的，单瓣型，带有深绿色的、非常精细的叶片。它植株健壮，生长旺盛，很少有侧蕾，也没有观察到育性。尽管‘唯一’在观赏性上不如其他重瓣品种，但是它的出现完全证明伊藤芍药的边界可以被不断扩展。

‘唯一’

三、‘希拉里’（'Hillary'）

‘希拉里’是所有伊藤芍药中最为特殊的一个。伊藤芍药作为远缘杂种后代，基本没有育性，迄今为止有记录的仅‘希拉里’，它是从‘巴茨拉’（'Bartzealla'）上自然授粉获得的种子培育出的后代。近期对伊藤的染色体观察发现，伊藤芍药的染色体为15条，即三倍体，这可能是其不能产生可育配子的重要原因。‘希拉里’是由育种家Anderson培育的，于1999年在美国牡丹芍药协会国际登录，在2009年获得美国牡丹芍药协会景观价值奖。

这个美丽的伊藤芍药品种在5月中旬开花，与其亲本‘巴茨拉’的花期很接近。它的株高约为90厘米，茎秆粗壮，生长势强，抗性优良。它的花朵是半重瓣型的，花瓣红色和黄色混杂，随着开放程度变大，外层花瓣的黄色逐渐褪去，内层花瓣一直保持着红色，绚烂夺目。

‘希拉里’

四、‘和谐’（'Hexie'）

‘和谐’是中国第一个伊藤芍药品种，由刘政安、王亮生和陈富飞于2005年在北京昌平陈富飞苗圃发现，经试验验证是芍药和紫斑牡丹杂交产生的后代。他们怀疑‘和谐’是兰州和平牡丹园的育种人员未能及时采收的杂交种子遗落到地里生长起来的植株，后将其移栽到北京昌平，因此其亲本不可考。

‘和谐’的花瓣基部有明显的紫黑色斑块，花色为紫红色，单瓣型，花蕾类似牡丹，花盘为革质，半包，无花蜜，花粉极少。根系也类似牡丹，有木质化的芯。冬季地上部分枯萎，仅基部宿存芽体第二年继续萌发生成新枝。

该品种是国际上首个以紫斑牡丹做父本培育出来的伊藤芍药品种，但有点可惜的是这个品种的花色是非常普通的紫红色，在牡丹品种和芍药品种中这个颜色的花都比较多。

‘和谐’

五、'欧亚大陆'（'Eurasia'）

2021年，德国盖斯勒芍药文化苗圃推出了一个组间杂交新品种——'欧亚大陆'。该品种由德国育种家Schulze和Gießler以紫斑牡丹（*Paeonia rockii*）为母本，四倍体药用芍药为父本杂交获得。

'欧亚大陆'为单瓣花型，早花；花玫粉色，花径约12厘米；花蕾形态和花朵更偏向于牡丹，而花期遗传了药用芍药早花的特征，并可产生花粉。它的叶形与药用芍药接近。该品种为四倍体。植株高度约60厘米，茎秆粗壮、直立，木质化程度极低。

德国育种家大胆地利用了"育种存在感低"的两个亲本进行组间杂交，首次利用药用芍药这个野生四倍体开展组间杂交育种工作。因此，'欧亚大陆'的出现无疑是芍药属组间杂交不能忽视的新突破。

'欧亚大陆'

第十一节　彩叶芍药的叶色之美

我们常因为花朵盛开而对芍药多几份怜爱，却未曾注意到，它的叶子也在用心呈现着一份谦逊的美。

难怪芍药常被形容为女性之美，芍药真的有在努力让自己的每一个阶段都是美的。初春萌芽，棕红色，浅黄色，嫩绿色，深紫色，叶尖带着一点嫩粉，或者一份暖橙。而到了秋季，部分芍药叶片的色彩也变得鲜艳起来，比如黄花芍药、川赤芍等。

因此，除了观花之外，芍药还可以观赏其初春萌发时棕红色的嫩芽及秋天变红或变黄的叶子，因此，巧妙地将芍药与其他园林植物进行搭配，可以使芍药在花季之外拥有较高的观赏价值。春色叶品种如‘紫凤朝阳’，春天其刚从土地里萌发出来的时候，茎秆、叶片油亮发紫，能保持很长一段时间。秋色叶的品种如黄花芍药、川赤芍等。

一、黄花芍药（*P. daurica* subsp. *moloksewitschii*）

黄花芍药仅分布在格鲁吉亚东部、阿塞拜疆西北部和俄罗斯的达吉斯坦，生长在海拔960~1060米的落叶林下。黄花芍药的花瓣黄色，叶片带青色，等到秋天之后叶片转红。

黄花芍药

二、川赤芍（*P. veitchii*）

川赤芍是在我国有分布的野生芍药，分布范围较广，主要生长在我国西部地区海拔1800~3870米的林缘和疏林下，在高寒草原也有分布。川赤芍的花瓣多数为紫红色，但偶尔也有浅粉色至粉红色，甚至有白色的居群。川赤芍叶片细裂可爱，生长季叶片青翠，秋天叶色转为鲜黄色。

川赤芍

第九章
中国古代芍药谱录

“谱录”作为古籍中的一个类目，以记物为主，专门记载某物之产地、形态、类别、逸闻趣事及与之相关的文学作品，间附精美插图。

宋朝开始出现专门记载芍药的谱录，现存三部专门描述扬州芍药品种的谱录。刘攽的《芍药谱》著于熙宁六年（1073年），是现存的第一部芍药专著。元丰元年（1078年）至元丰二年（1079年）间，孔武仲的《芍药谱》与王观的《扬州芍药谱》接连著成。成书最晚的是王观的《扬州芍药谱》，该书为王观借鉴刘攽、孔武仲二人经验所著，描述品种最为丰富与详细，被后世许多花卉专著所收录。

第一节　王观《扬州芍药谱》

北宋王观所著的《扬州芍药谱》，是北宋芍药三谱中保存最为完整的一部。王观，字通叟，北宋如皋（在今江苏省如皋市）人，善属文，嘉祐二年（1057年）进士，历任翰林学士、大理丞、知江都县，因作词亵渎神宗被贬，有“逐客”之称。在他存世的大量作品中，不乏关于花卉的作品。除去这部芍药专谱，还有一些与花卉有关的诗词。由喜爱花草到品评花草是一种自然而然的过渡，也正是由于王观对花卉的偏爱，他才能写出这样一部寓情于理、文理并重的传世佳作。

现存的历代芍药谱录中，唯余此书将芍药按照审美特性分级，这也为研究宋朝的芍药审美提供了极佳的文本。《扬州芍药谱》将芍药分为绝品，绝品之下分为上品、中品、下品三个等级，各自又有细分。以《扬州芍药谱》所列的39个品种为基础，下文试图总结出北宋时期对芍药品种的审美趋向。

一、《扬州芍药谱》的写作背景

今天下一统，井邑田野，虽不及古之繁盛，而人皆安生乐业，不知有兵革之患。民间及春之月，惟以治花木、饰亭榭，以往来游乐为事，其幸矣哉。

《扬州芍药谱》的出现，与当时的社会背景是分不开的。一方面，北宋开国后社会稳定，政府取消了“坊”“市”限制之后，商品经济的发展、城市商业的发达，使得百姓生活安逸舒适。到了春天，人们喜欢种花赏花，游览园林，往来游乐。另一方面，在重文抑武国策的影响下，士人沉浸在自然山水及田园生活中，花草树木、鸟兽虫鱼成为他们的创作对象。

经济的发达客观上也促进了花卉贸易的兴盛。与之前时代不同的是，宋朝贩花的风气可以说渗透了整个社会，各个阶层的人都争相买花卖花。扬州人“无贵贱皆喜戴花，故开明桥之间，方春之月，拂旦有花市焉”。

> 花品旧传龙兴寺山子、罗汉、观音、弥陁之四院，冠于此州，其后民间稍稍厚赂以匄其本，壅培治事，遂过于龙兴之四院。今则有朱氏之园，最为冠绝，南北二圃所种，几于五六万株，意其自古种花之盛，未之有也。朱氏当其花之盛开，饰亭宇以待来游者，逾月不绝，而朱氏未尝厌也。

群众性的普遍喜爱刺激了芍药的大量种植。起初种植芍药之风在寺庙兴盛，之后渐渐传入民间。扬州有一个朱氏的园圃，栽种了五六万株芍药，芍药花开时，就开放给民众游览，可见民间花卉之盛。不仅如此，当地的政府也加入这场芍药花文化盛宴中，“州宅旧有芍药厅，在都厅之后，聚一州绝品于其中，不下龙兴、朱氏之盛”。

思想上，宋朝理学的发展也是一个促进因素。“二程”认为：“一草一木皆有理，须察。”人们开始以一种理性的观点去观察思考整个社会、自然与人生的关系。宋人讲究“格物致知”，理学精神深入宋人的思想，这使得宋人大都对世界持有一种求实、严谨、辩证的态度。他们在撰写花谱时，也时刻保持着这种理性精神，注重考证，旁征博引。

还有一个层面，则是芍药与扬州的不解之缘。“扬州芍药，自宋初名于天下，与洛阳牡丹俱贵于时。”那么，为何芍药在扬州如此兴盛呢？这主要得益于扬州地理环境优越，且栽植技术先进。“维扬大抵土壤肥腻，于草木为宜。”

二、《扬州芍药谱》的主要内容

从欧阳修的《洛阳牡丹记》开始，花谱这一文学体裁的文章结构大致分为三个部分：花品序第一，花释名第二，风俗记第三。结构上可以看作由序言和正文组成，严谨有法。

《扬州芍药谱》的文章结构也和《洛阳牡丹记》相似，由序言和正文组成。序言分为谱前序和谱后序两部分。

1. 谱前序

谱前序中，王观不仅注意到扬州自然环境对芍药栽培的重要性，还侧重表达了人工的决定性作用。其在前序中着力刻画的是扬州花匠高超的花卉培植技术及扬州芍药独具特色的运输方式。“方九月十月时，悉出其根，涤以甘泉，然后剥削老硬病腐之处，揉调沙粪以培之，易其故土”。这里他指出分株芍药时起根的时间及方法。芍药需得时常分株开花才能茂盛，“凡花大约三年或二年一分，不分则旧根老硬而侵蚀新芽，故花不成就。分之数则小而不舒。不分与分之太数，皆花之病也”。而且，要想来年新花“繁而色润”，就需要“花既萎落，亟剪去其子，屈盘枝条，使不离散，故脉理不上行而皆归于根”。此外，与一些杂花不同，芍药的根易于保存与搬运，可以“及时取根，尽取本土，贮以竹席之器，虽数千里之远，一人可负数百本而不劳”。将扬州的芍药搬运到其他州种植，芍药开得虽然不如扬州本地的好，但也是其他州自产的芍药比不上的。“至于他州，则壅以沙粪，虽不及维扬之盛，而颜色亦非他州所有者比也。”由此可见扬州芍药品种特性之优越。这些是我国古代劳动人民在栽培芍药的长期实践中，积累下来的知识和宝贵经验。王观将其付诸笔端，为后人再现了宋初较为科学和系统的芍药栽培技术。

2. 谱后序

扬之芍药甲天下，其盛不知起于何代，观其今日之盛，想古亦不减于此矣。……海棠之盛，莫甚于西蜀，而杜子美诗名又重于张祜诸公，在蜀日久，其诗仅数千篇，而未尝一言及海棠之盛。张祜辈诗之不及芍药，不足疑也。

后序中则采用自问自答的方式，回答了维扬之地扬州芍药文化是否由来已久这个问题。在宋代，扬州芍药具体盛于何时已经不得而知，王观诧异于文人辈出的唐代却“一时名士，而工于诗者也，或观于此，或游于此，不为不久，而略无一言一句以及芍药”，随之联想到在蜀地海棠兴盛时期，杜甫也未提及海棠，便不足为奇了。

3. 正　文

今芍药有三十四品，旧谱只取三十一种。如绯单叶、白单叶、红单叶，不入名品之内，其花皆六出，维扬之人甚贱之。余自熙宁八年季冬守官江都，所见与夫所闻，莫不详熟，又得八品焉，非平日三十一品之比，皆世之所难得，今悉列于左。旧谱三十一品，分上中下七等，此前人所定，今更不易。

正文部分则依次列举了当时扬州的名品芍药39种，并且简要介绍了它们的特征。其中，前31种是旧谱所列，分上、中、下等，这里的旧谱指的是刘颁的《芍药谱》；后8种是新收录的品种。除此之外，谱前序里还提及了“绯单叶、白单叶、红单叶”这3种“维扬之人甚贱之”的芍药，所以王观的《扬州芍药谱》一共提及了42种芍药，是北宋三部芍药花谱里芍药品种最多的一部。从这42种芍药的特征和等级的划定，我们不难看出北宋时期人们对芍药的审美趋向。

三、《扬州芍药谱》的品种之美

王观的《扬州芍药谱》将39种芍药分为不同品次并列出高下等级。上品芍药8种，其中上之上6种，分别为‘冠群芳’‘赛群芳’‘宝妆成’‘尽天工’‘晓妆新’‘点妆红’；上之下2种，分别为‘叠香英’‘积娇红’。中品芍药10种，中之上6种，分别为‘醉西施’‘道妆成’‘掬香琼’‘素妆残’‘试梅妆’‘浅妆匀’；中之下4种，分别为‘醉娇红’‘拟香英’‘妒娇红’‘缕金囊’。下品芍药13种，其中下之上4种，分别为‘怨春红’‘妒鹅黄’‘蘸金香’‘试浓妆’；下之中4种，分别为‘宿妆殷’‘取次妆’‘聚香丝’‘簇红丝’；下之下5种，分别为‘效殷妆’‘会三英’‘合欢芳’‘拟绣鞯（jiān）’‘银含棱’。新收录芍药8种，其中绝品1种，为‘御衣黄’；其余7种，分别为‘黄楼子’‘袁黄冠子’‘峡石黄冠子’‘鲍黄冠子’‘杨花冠子’‘湖缬’‘黾池红’。

1.绝品芍药：‘御衣黄’

“黄色浅而叶疏，蕊差深，散出于叶间，其叶端色又微碧，高广类黄楼子也。此种宜升绝品。”‘御衣黄’花色淡黄，花蕊参差错落在花瓣间，叶色微碧。孔武仲的《芍药谱》记载它：“千叶而淡，其香正如莲花，比他色最殊绝。”可见‘御衣黄’不仅花色殊绝，而且香气迷人。顺便说一句，这里的“千叶”可不是我们今天说的绿叶，而是花瓣。“凡品中言大叶、小叶、堆叶者，皆花叶也。”因此，‘御衣黄’应是重瓣的，但是具体的花型如何，我们不得而知。不妨来猜测一下，说它“高广类黄楼子”，“黄楼子”花瓣5~7重，与“千叶”的‘御衣黄’应当差不多。依据秦魁杰《芍药》里的分类，‘御衣黄’的花型可能是荷花型或菊花型。

王观为何认为‘御衣黄’宜升绝品呢？从它的名字里，我们或许能知晓一二。隋唐以前，服制的规定只针对礼服。从隋唐开始，常服也纳入了服制范围，用不同的服装颜色区别尊卑，明确规定赤黄为皇帝专用服色。《宋史》中就有记载，皇帝穿黄色朝服，官员按照等级穿紫色、红色等服装。因此，黄色本身就代表着尊贵。另外，黄色的芍药品种比较少见，物以稀为贵，‘御衣黄’自然也就珍贵了。

2. 上品芍药

对于花卉来说，影响其美观度的两个重要因素是花色和花型。在8种上品芍药中花色为红色系的芍药品种有5种，分别为‘冠群芳’‘赛群芳’‘尽天工’‘点妆红’‘积娇红’；紫色系2种，分别为‘宝妆成’‘叠香英’；白色系1种，为‘晓妆新’。可见宋人对红色芍药花还是情有独钟的。中国传统文化将红色与富贵、吉祥、喜庆、好运等一系列寓意美好的词汇联系起来，历来对红色花卉都极其推崇，宋人喜爱红色系的芍药也就不足为奇了。

而在花型方面，“冠子”3种：‘冠群芳’‘赛群芳’‘尽天工’；“髻子”1种：‘宝妆成’；“缬子”2种：‘晓妆新’‘点妆红’；“楼子”2种：‘叠香英’‘积娇红’。

《扬州芍药谱》里的各种花型与现在的表述不一样，其中提及了8种花型，下文一一列举，并以秦魁杰的《芍药》为依据，力求描述能够接近每种花型的实际样式。

上品芍药的花色与花型

芍药名	花色	花型
冠群芳	深红	大旋心冠子
赛群芳	渐添红而紧	小旋心冠子
宝妆成	微紫	髻子
尽天工	红色	冠子
晓妆新	白色	缬子
点妆红	红色	缬子
叠香英	紫色	楼子
积娇红	红色	楼子

（1）冠子：“堆叶，顶分四五旋，其英密簇，广可及半尺、高可及六寸①……”“柳浦青心红冠子也。于大叶中小叶密直……”“青心玉板冠子也。本自茅山来，白英团掬，坚密平头……”“深红楚州冠子也。亦若小旋心状，中心紧堆大叶，叶下亦有一重金线……”

诸多芍药品种性状不一，可以总结出一点，就是冠子花型是重瓣的，而且这种重瓣大多是因花瓣增多，也有部分是雄蕊瓣化而来，但瓣化的雄蕊并无隆起，应当与今天的蔷薇型芍药最为相似。

（2）髻子：“于上十二叶中密生曲叶，回环裹抱团圆。”

髻子在近花心处，密生卷曲舌状瓣，一圈一圈地包裹着，仿佛古代妇女的发髻。按描述该花型最像托桂型。外瓣2~3轮，雄蕊变成狭长的花瓣，雄蕊瓣化，整齐隆起，雌蕊多正常。

（3）楼子：“广五寸，高盈尺，于大叶中细叶二三十重，上又耸大叶如楼阁状。”“盛者五七层，间以金线……”“黄楼子也。大叶中深黄，小叶数重，又上展淡黄大叶……”

楼子宽15厘米，高可达30厘米，在大花瓣中丛生小花瓣二三十瓣，上面又有大花瓣同时高起如楼阁状。通俗解释，楼子对应内层花瓣（或瓣化的雄蕊）和外层花瓣之间有明显的高度差。花型应该是金蕊型、金环型、托桂型三种都有。

（4）缬子：“……顶上四向叶端点小殷红色，每一朵上或三点或四点或五点象衣中之点撷也。”

缬子每一朵上有3~5个斑点，像衣服上的花纹。严格来讲，这应该属于花色的性状。

（5）鞍子：“鞍子也。两边垂下如所乘鞍状……”

鞍子花瓣向两边垂下，如马鞍状。应当是花型较为松散所致。

（6）丝头：“黄丝头也。于大叶中一簇细叶，杂以金线。”

丝头在大花瓣中，从生一簇小花瓣，还会有一些雄蕊。猜测应该是

---

① 北宋一尺约为31.2厘米，一寸为3.12厘米。

荷花型或菊花型的花朵同时带有部分瓣化的雄蕊，雄蕊不完全瓣化。

（7）平头/多叶：“绯多叶也。绯叶五七重，皆平头。”

平头（多叶）花瓣3~5轮，应当是荷花型。

（8）单叶：“单叶即单瓣型品种。”

冠子、髻子、楼子都是重瓣的花型，而且大多数花朵硕大。缬子芍药花瓣上有红色斑点，较为新奇。从花色与花型来看，宋人更偏爱红色系、花朵硕大且高度重瓣的芍药品种。另外，新奇的缬子芍药也备受推崇。

①冠群芳：“大旋心冠子也。深红、堆叶、顶分四五旋，其英密簇，广可及半尺，高可及六寸，艳色绝妙，可冠群芳，因以名之。枝条硬，叶疏大。”

作为扬州芍药里的冠军，‘冠群芳’究竟有什么魅力呢？秦魁杰的《芍药》中，认为‘冠群芳’为蔷薇型。花瓣极度增多，由外向内逐渐变小。花深红色，重瓣，近花心处分四五旋，花瓣密集而紧凑，花径约15厘米，高约18厘米，颜色绝妙，可冠群芳，茎秆坚硬，叶阔且稀疏。

②赛群芳：“小旋心冠子也。渐添红而紧，枝条及绿叶并与大旋心一同。”

‘赛群芳’为扬州芍药的亚军，或许是在颜色这里惜败，‘赛群芳’花朵的渐变红色比起‘冠群芳’绝妙的深红色，终究是落了下乘。而且与冠军“冠群芳”相比，‘赛群芳’是“小旋心冠子”，或许是指花瓣重叠的层数不如前者之多。

③宝妆成：“髻子也。色微紫，于上十二大叶中，密生曲叶，回环裹抱团圆，其高八九寸，广半尺余，每一小叶上，络以金线，缀以玉珠，香欺兰麝，奇不可纪，枝条硬而叶平。”

前文所说，髻子是在近花心处，密生卷曲舌状瓣，回环裹抱团圆。‘宝妆成’花径约15厘米，高约24厘米。花型类似于现在的金蕊型或托桂型，外瓣2~3轮，雄蕊变成狭长的花瓣，雄蕊瓣化隆起，瓣化雄蕊还有金线。枝条坚硬而叶子平展，花香迷人。

④尽天工："柳浦青心红冠子也。于大叶中小叶密直，妖媚出众。傥非造化，无能为也，枝硬而绿叶青薄。"

"柳浦"是指芍药的产地。'尽天工'花瓣红色，花瓣由外向内逐渐变小，中心的小花瓣密集而直立。花妖媚异常。枝条坚硬。叶子质地较薄，碧绿。花型类似于蔷薇型。

⑤晓妆新："白缬子也。如小旋心状，顶上四向，叶端点小殷红色，每一朵上，或三点，或四点，或五点，象衣中之点缬也，绿叶甚柔而厚，条硬而绝低。"

'晓妆新'花白色，花瓣多轮，中心处分四向，花瓣顶端殷红色，每一朵花的红色斑点就像衣服上的花纹。叶子柔软，质地较厚，枝条坚硬，株丛低矮。

⑥点妆红："红缬子也。色红而小，并与白缬子同，绿叶微似瘦长。"

'点妆红'花型与'白缬子'相似，花朵上带有斑点。花红色，小巧可爱，叶形狭长，像'蝶恋花'。

⑦叠香英："紫楼子也。广五寸，高盈尺，于大叶中细叶二三十重，上又耸大叶如楼阁状，枝条硬而高，绿叶疏大而尖柔。"

'叠香英'花紫色，花径可达15厘米，外轮花瓣2~3轮，雄蕊部分瓣化成狭长的花瓣，中间有瓣化完全的雄蕊，花瓣较大，应当是现在的托桂型，类似'奇花露霜'。茎秆粗大，植株较高，叶子舒展而阔大。

⑧积娇红："红楼子也。色淡红，与紫楼子不相异。"

'积娇红'花红色，花型与'紫楼子'相似，也是托桂型花型，类似'盘托绒花'。

3. 黄色系芍药

王观《扬州芍药谱》所列的新收录的8种芍药中，有5种为黄色芍药，除了上文提到的绝品'御衣黄'，还有"盛者五七层，间以金线，其香尤甚"的'黄楼子'，"宛如髻子，间以金线，色比鲍黄"的'袁黄冠子'，"如金线冠子，其色深如鲍黄"的'峡石黄冠子'，"大抵与大旋心同，而叶差不旋，色类鹅黄”的‘鲍黄冠子’。

（1）**道妆成**：“黄楼子也。大叶中深黄，小叶数重，又上展淡黄大叶，枝条硬而绝黄，绿叶疏长而柔，与红紫者异。此品非今日之黄楼子也，乃黄丝头中盛则或出四五大叶，小类黄楼子。盖本非黄楼子也。”

‘道妆成’是中品芍药。深黄色的大花瓣中有数层淡黄色的小花瓣，小花瓣内侧又有淡黄色的大花瓣，花型较为奇特。王观《扬州芍药谱》中还特地提到此种与‘黄楼子’的区别。严格来说，‘道妆成’的花型应该是丝头——“于大叶中，一簇细叶”（在大花瓣中，丛生一簇小花瓣），而不是楼子那样的丛生小花瓣高起如楼阁状。所以丝头应当是金环型，中间有少量瓣化的雄蕊或雌蕊。

（2）**妒鹅黄**：“黄丝头也。于大叶中一簇细叶，杂以金线，条高，绿叶疏柔。”

此外，黄色芍药还有下品芍药中的‘妒鹅黄’，该品种花型也为丝头。株丛较高，绿叶稀疏而柔软。

令人惋惜的是，《扬州芍药谱》所列的39种芍药里有7种黄色的芍药，可惜今天都已失传，中国芍药品种群里只剩下‘黄金轮’（'Goldmine'）这唯一的黄色品种。

4. 芳香芍药

《扬州芍药谱》里具有芳香气味的芍药可不少。名字里带香的有：上品芍药‘叠香英’（前文已有介绍）；中品芍药‘掬香琼’‘拟香英’；下品芍药‘蘸金香’与‘聚香丝’。还有3个品种，虽然名里无香，但也属于芳香的芍药。上文提到的香如莲花的绝品芍约‘御衣黄’，“香欺兰麝”的上品芍药‘宝妆成’，以及新收的8个品种中的“香尤甚”的‘黄楼子’。

（1）**掬香琼**：“青心玉板冠子也。本自茅山来，白英團掬，坚密平头，枝条硬而绿，叶短且光。”

‘掬香琼’是茅山的芍药品种，花白色，花瓣团凑，花瓣5~7轮。枝条坚硬，叶子较短而且光滑。

（2）**拟香英**：“紫宝相冠子也。紫楼子心中细叶上不堆大叶者。”

‘拟香英’花紫色，大叶2~3轮，中间有瓣化的雄蕊，应当是金蕊型的花型。

（3）**蘸金香**：“蘸金蕊紫单叶也。是髻子开不成者，于大叶中生小叶，小叶尖蘸一线金色是也。”

‘蘸金香’花紫色，单瓣，雄蕊花药花丝变粗增大，花型也应为金蕊型。

（4）**聚香丝**：“紫丝头也。大叶中一丛紫丝细细是也，枝条高，绿叶疏而柔。”

‘聚香丝’花紫色，大花瓣中有一丛紫色的丝状花瓣。茎秆较高，叶子稀疏而柔软。

5. 双头、三头芍药

多头芍药是指一株上会有数朵花的芍药，如前文“四相簪花”中的‘金带围’。

（1）**效殷妆**：“小矮多叶。也与紫高多叶一同，而枝条低，随燥湿而出，有三头者、双头者、鞍子者、银缘者，俱同根，而土地肥瘠之异者也。”

株丛低矮，“多叶”即花瓣5~7层，应当是现在的荷花型。随着土壤肥力的不同，‘效殷妆’会出现不同的花型，三头、双头、鞍子花型都可能出现。

（2）**会三英**：“三头聚一萼而开。”

（3）**合欢芳**：“双头并蒂而开，二朵相背也。”

两枝背立的芍药，如同两个挽起了发髻的人儿相互依靠。

（4）**黾池红**：“开须并萼，或三头者，大抵花类软条也。”

6. 具有女性美的芍药

芍药又被称作“女儿花”。《扬州芍药谱》中许多品种的名字中有

“妆”“香”“娇”“绣”“西施”等字词，这都是描摹女子特质的。在欣赏吟咏芍药之时，女子与芍药难分难辨，所歌者既是芍药亦是女子。其中带“妆”的芍药品种达11个之多，把芍药花比拟成妆容不同的女子。红色系与紫色系的芍药‘宝妆成’‘点妆红’‘试浓妆’‘宿妆殷’‘效殷妆’，它们颜色较为明媚，宛如一位位盛装艳抹的成熟女子。白色系与粉色系的‘晓妆新’‘试梅装’‘浅妆匀’‘取次妆’，它们颜色娇美柔和，宛如一位位妍丽清纯的女孩子，浅浅的打扮，素素的衣裳，带着几分娇羞。而黄色系的‘道妆成’则明媚可人，仿佛一位因为化好妆容而心情愉悦的女子。

（1）**醉西施**：“大软条冠子也。色淡红，惟大叶有类大旋心状，枝条软细，渐以物扶助之，绿叶色深厚，疏而长以柔。”

‘醉西施’花色淡红，花瓣多轮，枝条柔弱下垂，需要借助木桩固定，叶色浓绿，叶形狭长且质地柔软。

（2）**素妆残**：“退红茅山冠子也。初开粉红，即渐退白，青心而素淡，稍若大软条冠子，绿叶短厚而硬。”

‘素妆残’是来自茅山的芍药品种，花瓣多轮。花初开粉红色，后渐渐褪变为白色，清新淡雅。叶形较短，质地较硬。

（3）**试梅装**：“白冠子也。白缬中无点缬者是也。”

‘试梅装’白色花瓣，多轮，与‘白缬子’类似，但花朵上无斑点。

（4）**浅妆匀**：“粉红冠子也。是红缬中无点缬者也。”

‘浅妆匀’粉红色花瓣，多轮，与‘红缬子’相似，但花朵上无斑点。

（5）**醉娇红**：“深红楚州冠子也。亦若小旋心状，中心紧堆大叶，叶下亦有一重金线，枝条高，绿叶疏而柔。”

‘醉娇红’花色深红，是来自楚州的品种。花型应是金环型，金环型花外瓣宽大，雄蕊变成狭长的花瓣（内瓣），内外瓣间残留一圈正常雄蕊，雌蕊正常或瓣化。枝条高立，叶子稀疏而柔软。

（6）**妒娇红**：“红宝相冠子也。红楼子心中细叶上不堆大叶者。”

‘妒娇红’花红色，花瓣多轮，与楼子不同的是，细叶中没有大花瓣。

（7）**缕金囊**：“金线冠子也。稍似细条深红者，于大叶中细叶下，抽金线，细细相杂，条叶并同深红冠子者。”

‘缕金囊’花色深红，雄蕊变成狭长的花瓣（内瓣），内外瓣间残留一圈正常雄蕊，如同金线。

（8）**试浓妆**：“绯多叶也。绯叶五七重，皆平头，条赤而绿，叶硬、皆紫色。”

‘试浓妆’花红色，花瓣5~7轮，茎秆带有紫色，叶质地较硬，为紫色。

（9）**宿妆殷**：“紫高多叶也。条叶花并类绯多叶，而枝叶绝高平头。凡槛中虽多，无先后开，并齐整也。”

‘宿妆殷’花紫色，花瓣5~7轮。花期一致。

（10）**取次妆**：“淡红多叶也。色绝淡，条叶正类绯多叶，亦平头也。”

‘取次妆’花色淡红，花瓣5~7轮，花色很淡。

四、《扬州芍药谱》的审美趋向

1. 对芍药品种的偏好

宋人对芍药的审美，从《扬州芍药谱》的等级划分可见一二。总的来看，大致有以下几点：

（1）**颜色方面**：偏爱红色与紫色的芍药。黄色因尊贵而受推崇，但若花形不够美观，也不会受到青睐。这也是黄色的品种虽多，但只有高度重瓣而且花朵硕大的‘御衣黄’能成为绝品的原因。

（2）**花型方面**：偏爱花朵硕大、丰满、高度重瓣的品种，如楼子、髻子、冠子，这些多为上品；而单叶、多叶等花瓣较少、花型不够丰满的芍药，如平头、丝头，评级多为下品；另外，冠子花型虽是重瓣，但较楼子、髻子、缬子而言应当较为常见，所以大多数冠子花型的芍药评级也多为中品。

（3）**花头数方面：**偏爱单头的芍药，多头芍药与双头芍药不受欢迎，评级多为下品。

（4）**栽培方面：**对环境较为敏感的芍药或许也不受欢迎，如‘效殷妆’随着“土地肥瘠之异者也”、‘拟绣鞯’需要“地绝肥而生”，评级都为下品。

2. 赋予芍药意蕴美

《扬州芍药谱》种所列芍药俱为三个字的名字，运用比拟的手法赋予芍药不一般的意蕴美。例如，某种芍药因“于大叶中细叶下，抽金线，细细相杂”，而被赋予‘缕金囊’的美称。

在命名时，意象的选择有几个特点：其一，意象的范围很广，用得最多的还是女子意象，约占芍药品种的一半。织物、建筑物、历史人物，以及人们的表情和妆容，都可以嵌入名称中。其二，意象的通俗性。所选择的意象是大多数人生活中常见、常用的景象和事物，以及家喻户晓的人物，如‘醉西施’。其三，意象的贴切性。某些品种名称中所用的意象和该品种的某个特征具有较高的契合度，如‘素妆残’是初开粉红，即渐退白，名字甚是贴切。其四，意象的时代性。如‘御衣黄’，我国古代是等级森严的封建社会，绝品芍药当然需得“御衣”才能相配。

第二节 其他芍药谱录

保存至今的北宋芍药谱录只剩3本，王观的《扬州芍药谱》（以下简称“王谱”）为其一，前文已详细描述。王谱中所谓的“旧谱”便是刘攽的《芍药谱》（以下简称“刘谱”），芍药品种名称几乎无异，但刘谱的描述较为简洁，仅仅以花色加花型描述，不如王谱清晰。另一本为孔武仲的《芍药谱》（以下简称“孔谱”），虽然命名方式与其余二谱不同，但对于芍药的描述却精细许多，王谱对于芍药的描述多借鉴孔谱。

一、刘攽《芍药谱》

刘攽《芍药谱》所列31种芍药，几乎被王谱全部收录，只是次序略有不同而已。唯一有区别的是‘晚妆新’，在王观谱中作‘晓妆新’，而两人的介绍，均是白缬子，应当是同一种。虽然刘攽、王观二人所列31品名称一致，但对每个品种芍药的介绍却不尽相同。刘谱中介绍相对简单，只是交代颜色、形状，如‘冠群芳’一品，对其介绍仅有“大旋心冠子，深红”几字而已，而王谱中则更为细致，曰：“大旋心冠子也，深红，堆叶顶分四五旋，其英密簇，广可及半尺，高可及六寸，艳色绝妙，可冠群芳，因以名之。”

刘攽《芍药谱》稍有残缺，部分保存在南宋陈景沂的《全芳备祖》前集卷三中，虽然文字尚存，但“故因次序为谱三十一种，皆使画工图写以示”的芍药图却遗失了。刘谱中记载的31种芍药及描述见附录表格。

二、孔武仲《芍药谱》

孔武仲的《芍药谱》保存在《清江三孔集》卷十八中，搜集芍药32种。孔谱中记载的32种芍药及描述见附录表格。

三、《广陵志芍药谱》

明清时期，芍药谱录大多保存在综合性的花卉著作或个人的杂记里。《广陵志芍药谱》保存在明代高濂所著的《遵生八笺》中，其中记录了30种芍药品种，详见附录表格。

四、陈淏子《花镜》

清朝陈淏子《花镜》中记载了芍药88种，按黄色、深红色、粉红色、紫色、白色分类排列，其中黄色品种18种，“御袍黄，色初深，后淡，叶疏而端肥碧。”与孔谱及王谱中的‘御衣黄’记载相同，清朝时期对其更名，由“御衣”更改为“御袍”，这无疑增加了政治色彩，突出权力意味。黄色芍药也培育出了新品种，如‘御爱黄’等。深红色品种为25种，除了以往的‘冠群芳’‘尽天工’等品种，还出现了新的品种，如“柳浦红千叶，冠子，因产之地得名”“海棠红重仆卜黄心，出蜀中”。粉红色品种17种，包括宋朝以来的品种‘醉西施’‘淡妆匀’‘合欢芳’，还有新的品种，如“红宝相，似宝相蔷薇”“瑞莲红，头微垂下似莲花”“观音面，似宝相而娇绝”，以花朵的形似来命名。紫色品种有14种，宋朝以来的为‘宝妆成’‘凝香英’等，但是‘金系腰’与孔谱中的记载不同。孔谱载：“金系腰，红时一，有黄晕横色，如金带然。”《花镜》载：“金系腰，即紫袍金带。”白色品种有14种，宋朝以来的品种有‘晓妆新’‘银含棱’等，苏轼、杨万里作品中的‘玉盘盂’被作为芍药品种确切地记载下来，“玉盘盂，单叶而长瓣。”

参考文献

曹雪芹，高鹗. 红楼梦[M]. 北京：人民文学出版社，1982.

谷颖. 满族说部《天宫大战》创世史诗性辨析[J]. 古籍整理研究学刊，2018（2）：84-89.

谷长春. 满族口头遗产传统说部丛书：萨布素将军传[M]. 长春：吉林人民出版社，2007.

郭其智. 更爱枝头弄金缕 异时相对掌丝纶：汉民族植物民俗文化举隅[J]. 安徽农业大学学报（社会科学版），2009，18（2）：132-136.

姜美. 花叶纹饰在陶瓷器皿中的运用研究：以花叶主题系列毕业作品为例[D]. 景德镇：景德镇陶瓷大学，2021.

蒋少华，纪莉莉."维扬芍药甲天下"的人文解读[J]. 江苏地方志，2022（2）：63-65.

金建锋. 芍药诗家只寄情：论唐诗中的芍药意象[J]. 农业考古，2012（3）：363-365.

刘国伟. 白居易佛禅诗的成因与风格体现[J]. 武夷学院学报，2022，41（4）：36-41.

玛莉安娜·波伊谢特. 植物的象征[M]. 黄明嘉，俞宙明，译. 长沙：湖南科学技术出版社，2001.

潘司颖. 王禹偁的咏花之作[J]. 名作欣赏，2018（32）：147-149.

蒲松龄. 聊斋志异[M]. 北京：中国青年出版社，2008.

秦魁杰. 芍药[M]. 北京：中国林业出版社，2004.

任继愈. 宗教大辞典[M]. 上海：上海辞书出版社，1998.

邵丽坤. 满族说部的传承模式及其历史演变[J]. 社会科学战线，2016（6）：121-128.

史春燕. 花园·春色：论《牡丹亭》花园意象的多重意蕴和艺术功能[J]. 名作欣赏，2010（33）：113-115.

孙伯筠.花卉鉴赏与花文化[M].北京：中国农业大学出版社，2006.

汤显祖.牡丹亭[M].北京：人民文学出版社，1963.

王功绢.论宋代扬州芍药文学[J].江苏教育学院学报（社会科学），2011，27（2）：115-118.

王功绢.论中国文学中的芍药意象[J].名作欣赏，2011（8）：118-121.

王功绢.中国古代文学芍药题材和意象研究[D].南京：南京师范大学，2011.

王宏刚.满族与萨满教[M].北京：中央民族大学出版社，2002.

王巧玲.道教风水与美学[D].杭州：浙江大学，2012.

王松林.满族面具的新发现[J].社会科学战线，2000（3）：203-205.

王松林.长白山文化断想[J].学问，2002（11）：4-7.

王晓春.论传统文化中芍药花的文化意象[J].艺术百家，2007，23（S2）：49-51.

王彦卓，姜卫兵，魏家星，等.芍药的文化意蕴及其园林应用[J].广东农业科学，2013，40（20）：58-61.

王雨晴.王禹偁诗歌研究[D].济南：山东师范大学，2021.

王玉玲.芍药花文化在中国诗词、绘画中的精神内涵[J].红河学院学报，2015，13（6）：70-72.

徐利英，黄珊琴.试论宋词中芍药意象的审美意蕴[J].山花，2011（12）：2.

闫亦凡.芍药诗家只寄情：浅析唐诗中的芍药意象[J].西部学刊，2019（12）：118-121.

阎丽杰.满族与芍药花[J].东北之窗，2019（6）：55.

杨洋.《红楼梦》与中医药（之三十一）：史湘云与芍药花[J].开卷有益（求医问药），2013（9）：44.

杨英杰.清代满族风俗史[M].沈阳：辽宁人民出版社，1991.

于晓南.观赏芍药[M].北京：中国林业出版社，2019.

于晓南，苑庆磊，郝丽红.芍药作为中国“爱情花”之史考[J].北京林业大学学报（社会科学版），2014，13（2）：26-31.

于晓南，宋焕芝，郑黎文.国外观赏芍药育种与应用及其启示[J].湖南农业大学学报（自然科学版），2010，36（S2）：159-162，166.

俞香顺. 白居易花木审美的贡献与意义[J]. 江苏社会科学，2011（1）：194-198.

苑庆磊，于晓南. 牡丹、芍药花文化与我国的风景园林[J]. 北京林业大学学报（社会科学版），2011，10（3）：53-57.

苑庆磊. 中国芍药花文化研究[D]. 北京：北京林业大学，2011.

张秦源. 西夏人应用植物资源研究[D]. 兰州：兰州大学，2017.

张志. “憨湘云醉眠芍药裀”新解：《红楼梦》经典情节细读之一[J]. 华北电力大学学报（社会科学版），2008（3）：107-110.

赵佳琛，翁倩倩，张悦，等. 经典名方中芍药类药材的本草考证[J]. 中国中药杂志，2019，44（24）：5496-5502.

赵鉴鸿. 探秘萨满教（下）：紫禁城内的信仰[J]. 百科知识，2014（22）：52-54.

周武忠. 中国花文化史[M]. 深圳：海天出版社，2015.

朱可伦. 满族萨满教的历史与遗存[J]. 满族研究，2016（3）：101-103.

附　录

其他芍药谱录所列品种及介绍

芍药谱录	所列品种	品种描述
北宋·刘攽《芍药谱》	冠群芳	大旋心冠子深红
	宝妆成	髻子色紫
	赛群芳	小旋心冠子
	晚妆新	白缬子
	画天工	青心红冠子
	叠香英	紫楼子
	点妆红	红缬子
	醉西施	大软条冠子淡红
	积娇红	红楼子
	掬香琼	素心玉版冠子
	道妆成	黄楼子
	浅妆匀	粉红冠子
	素妆残	初开粉红即渐白
	缕金囊	金线冠子
	试梅妆	白冠子
	拟香英	紫窑相冠子
	醉娇红	深红冠子
	妒鹅黄	黄丝头
	怨春江	硬条冠子
	试浓妆	绿多叶
	妒娇红	红窑相冠子
	取次妆	淡红多叶
	蘸金香	金蕊紫草叶
	簇红丝	红综头
	宿妆殷	紫高多叶
	会三英	三头聚萼
	聚香丝	紫丝头
	效殷妆	小矮多叶
	合欢芳	双头并蒂
	拟绣鞯	鞍子两边垂下
	银合棱	银缘

续表

芍药谱录	所列品种	品种描述
北宋·孔武仲《芍药谱》	青苗黄楼子	叶小大间出千余层，或谓之千层阁，其苗青故名云尔
	尹家二色黄楼子	与黄楼子大抵不异，而间有，初出于尹氏，故名云尔
	绛州紫苗楼子	初开时浅红，经数日乃黄，或谓之红玉楼子
	圆黄	千叶而圆黄
	硖石黄	千叶而黄
	鲍家黄	千叶而黄，大抵与红旋心相似，亦谓黄旋心，但不甚高大而又晚开也
	石壕黄	一丛之间，单叶千叶往往兼有
	寿州青苗黄楼子	与诸楼子相类，而花差小
	黄丝头	其叶浅黄，大叶中丛生细叶如丝也
	金线冠子	千叶浅红，间有细叶如金线也
	道士黄	千叶而黄，最先开也
	白缬子	花有结缬，而其外深红，经日色则白缬外皆变白
	金系腰	红叶中有晕，横绝如金带然也
	沔池红	千叶肉红
	红缬子	千叶浅红，而叶端深红也
	胡家缬	千叶肉红，而有缬文
	玉楼子	千叶而白，上下叶中又出细叶数层
	玉逍遥	千叶而白，叶厚而大，如仙然
	红楼子	千叶粉红
	青苗旋心	千叶肉红，花叶成旋
	赤苗旋心	千叶深肉红
	二色红	千叶淡红，而叶端深红
	杨家红	千叶粉红
	茅山紫楼子	与诸楼子相似，而色紫
	茅山冠子	千叶而浅红，尤忌见日，自开至谢，常以幕覆，则色不阑
	柳铺冠子	千叶粉红，如柳，兼叠成冠子
	软条冠子	千叶肉红
	当州冠子	此花，扬州素有之
	多叶鞍子	多叶粉红，其端如粉红，或成双头，则谓之双头芍药
	髻子	其色紫红，下有大叶，其上细叶环抱，而黄叶杂出于其间，其香特甚
	红丝头	大叶中一簇红丝细细，枝叶同紫者
	绯多叶	绯叶五七重，皆平头条，赤而绿叶，硬背紫色

续表

芍药谱录	所列品种		品种描述
明·高濂《广陵志芍药谱》	御爱黄、御衣黄、玉盘盂、玉逍遥、红都胜、紫都胜、观音红、包金紫、黄楼子、尹家黄、黄寿春、出群芳、莲花红、瑞莲红、霓裳红、柳浦红、芳山红、延州红、缀珠红、玉板缬、玉冠子、红冠子、紫鲙盘、小紫球、镇淮南、倚栏娇、单绯、胡缬玉楼子、粉缘子、红旋心		
清·陈淏子《花镜》	黄色系品种	御袍黄	色初深后淡，叶疏而端肥碧
		袁黄冠子	宛如髻子，周以金线，出自袁姓
		黄都胜	叶肥绿，花正黄，千瓣，有楼子
		道妆成	大瓣中有深黄，小瓣上又展出大瓣
		金带围	上下叶红，中则间以数十黄瓣
		缕金囊	大瓣中于细瓣下抽金线，细细杂条
		峡石黄	如金线冠子，其色深似鲍黄
		妒鹅黄	大小瓣间杂中出以金线，高条叶柔
		鲍家黄	与大旋心同，而叶差不旋
		黄楼子	盛者叶五七层，间以金线，其香尤甚
		御爱黄	色淡黄，花似牡丹而大
		二色黄	一蒂生二花，两相背而开，但难得
		怨春妆	淡黄色，千叶，平头
		青苗黄	千叶，楼子，淡黄色，内系青心
		黄金鼎	色深黄，而瓣最紧
		醮金香	千叶，楼子，老黄色而多香味
		杨家黄	似杨花冠子，而色深黄
		尹家黄	同上，因人之姓得名
	深红色系品种	冠群芳	大旋心冠子，深红堆叶，顶分四、五旋，其英密簇，广及半尺，高可六寸，艳色绝伦
		尽天工	大叶中小叶密直，心柳青色
		赛群芳	小旋心冠子，渐添红而花紧密
		醉娇红	小旋心中抽出大叶，下有金线
		簇红丝	大叶中有七簇红丝，细细而出者
		黾池红	花似软条，开皆并萼或三头
		拟绣鞯	两边垂下，如所乘鞍子状，喜大肥
		积娇红	千叶，如紫楼子，色初淡而后红
		杨花冠子	心白，色黄红，至叶端则又深红
		红缬子	浅红缬中又有深红点
		试浓妆	绯叶五七重，平头条赤绿，叶硬背紫

续表

芍药谱录	所列品种		品种描述
清·陈淏子《花镜》	深红色系品种	赤城标	千叶，大红花，有高楼子
		湖缬子	红色，深浅相同杂而开，喜肥
		莲花红	平头瓣尖似莲花
		会三英	一萼中有三花并出，最喜肥
		红都胜	多叶冠子，最喜肥
		点妆红	色红而小，与白缬子同，绿叶微瘦长
		缀蕊红	蕊初深红，及开后渐淡
		髻子红	花头圆满而高起，有如髻子
		绯子红	花绛色，平头而大
		骈枝红	一蒂上有两花并出
		宫锦红	红黄白色相间者
		柳浦红	千叶，冠子，因产之地得名
		朱砂红	色正红，花不甚大
		海棠红	重叶黄心，出蜀中
		醉西施	大瓣旋心，枝条软细，须以杖扶
	粉红色系品种	淡妆匀	似红子而粉红无点，缬花之中品
		怨春红	色最淡，而叶堆起似金线冠子
		妒娇红	起楼，但中心细叶不堆，上无大
		合欢芳	双头并蒂，二花相背而齐开
		素妆残	初开粉红，以渐退白，心青，淡雅有致
		取次妆	平头而多叶，其色最淡
		效殷红	矮小而多叶，若土肥，则易变
		倚栏娇	条软而色媚
		红宝相	似宝相蔷薇
		瑞莲红	头微垂下似莲花
		霓裳红	多叶大花
		龟地红	平头多叶
		芳山红	以地得名者
		沔池红	花类软条，须扶
		红旋心	花紧密而心红
		观音面	似宝相而娇艳

续表

芍药谱录		所列品种	品种描述
清·陈淏子《花镜》	紫色系品种	宝妆成	色微紫，有十二大叶，中密生曲叶回裹圆抱，高八寸，广半尺，小叶上有金线，独香
		凝香英	有楼，心中细叶上不堆大瓣
		宿妆殷	平头而枝瓣绝高大，类绯，多叶而整
		聚香丝	大叶中一丛紫丝细细而高出
		蘸金香	大叶中生小叶，而小叶尖醮一金线
		墨紫楼	其色深紫，而有似乎墨
		叠英香	大叶中细叶廿重，上又耸大叶起台
		包金紫	蕊金色，而花紫
		紫都胜	多叶，有楼子
		紫鲙盘	平头而花大
		金系腰	紫袍金带
		紫云裁	叶疏而花大
		小紫球	短叶，圆花如球
	白色系品种	多叶鞍子	瓣两垂似马鞍
		晓妆新	花如小旋心，顶上四向，叶端有殷红小点，每朵上或三五点，像衣中黟，结白花，上品
		银含棱	花银缘，叶端有一棱，纯白色
		掬香琼	青心，玉板冠子，白英团掬坚密，平头
		试梅妆	白织中无点缬者，即白冠子
		莲香白	多叶开瓣，香有似乎莲花，喜肥
		玉冠子	千叶而高起
		玉版缬	缬中皆有点
		玉逍遥	花疏而叶大，宜肥
		覆玉瑕	叶紧而有点
		玉盘盂	单叶而长瓣
		寿州青苗	色带微青
		粉缘子	微有红晕在心
		镇淮南	大叶冠子
		软条冠子	多叶而枝柔